Este libro está compuesto de esquemas para guiar el aprendizaje de la Neuroanatomía Descriptiva del Encéfalo en el curso Online

Es necesario el uso de lápices de colores o similar, para marcar las estructuras que se explicarán en los videos explicativos, que deberán revisarse las veces que sea necesario para poder comprender y dibujar del modo correcto.

¡Buen aprendizaje, Neurocurioso-a!

PROF. DR. JUAN CARLOS BONITO GADELLA

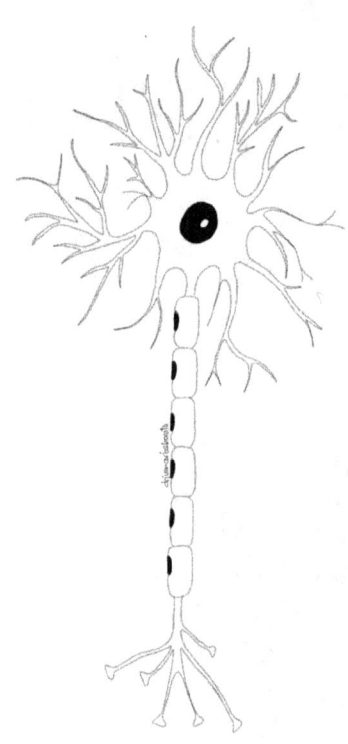

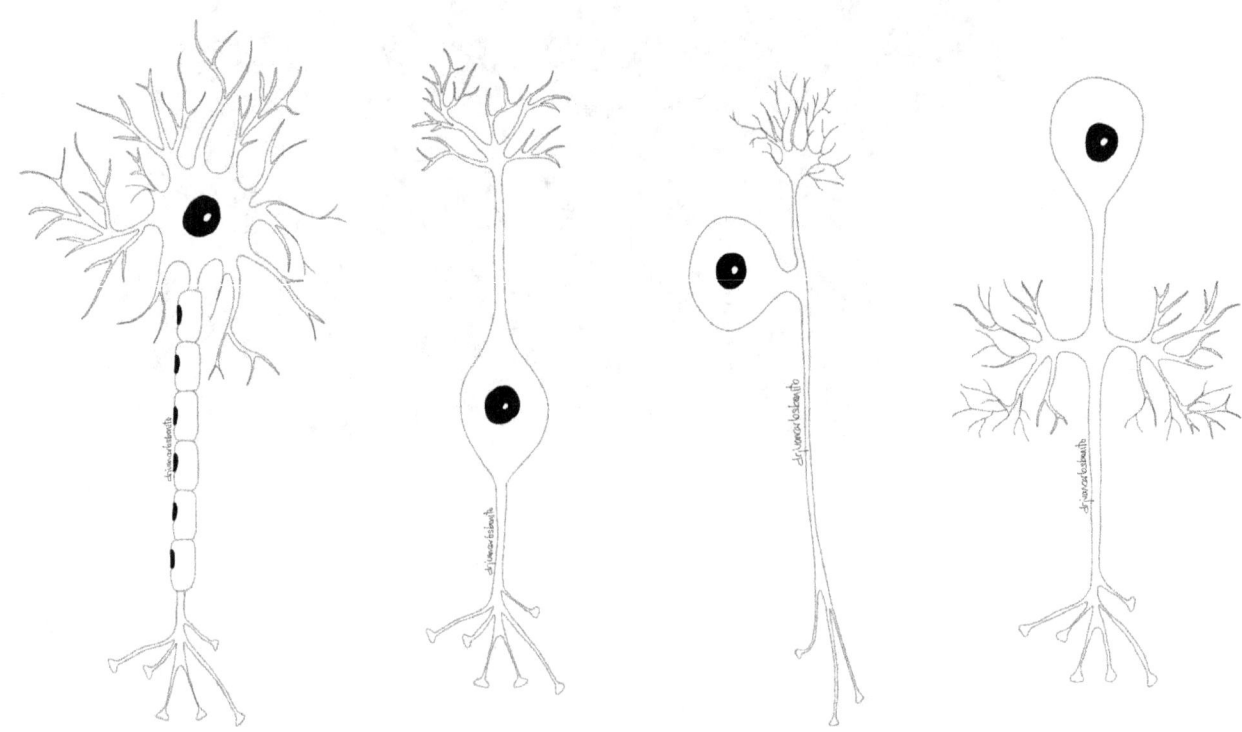

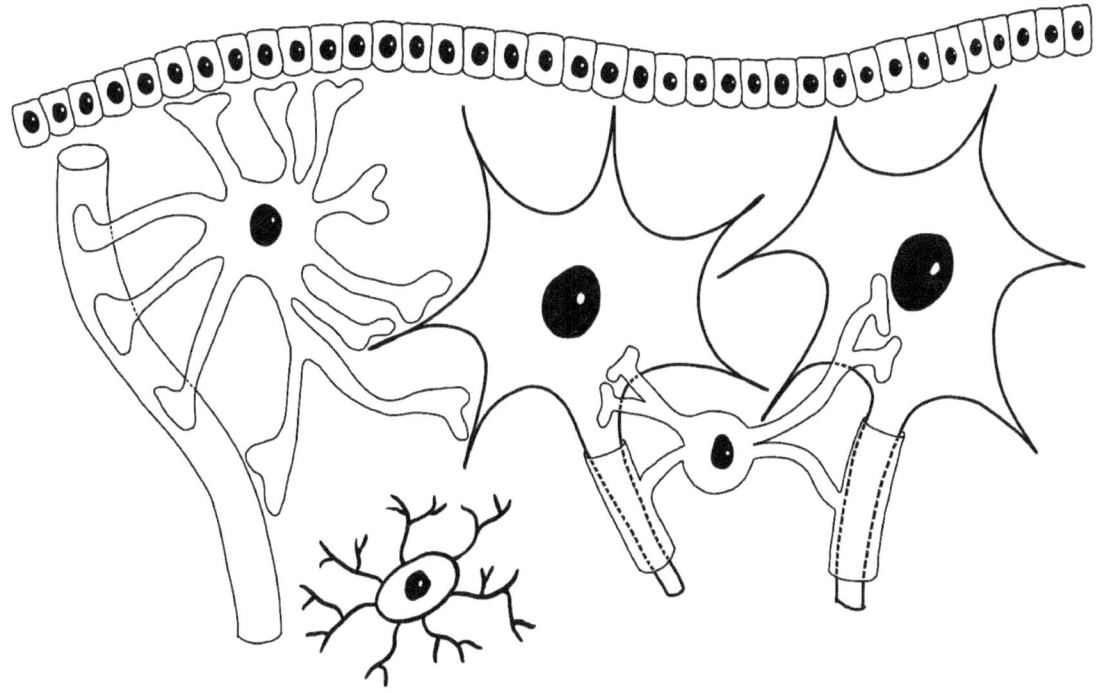

ARCOS CONDUCTORES

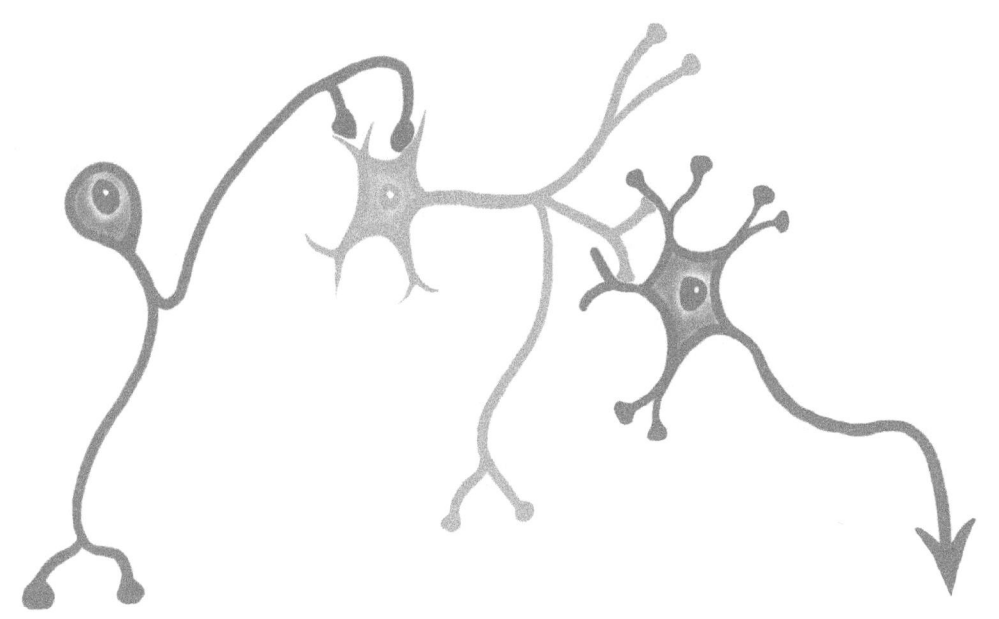

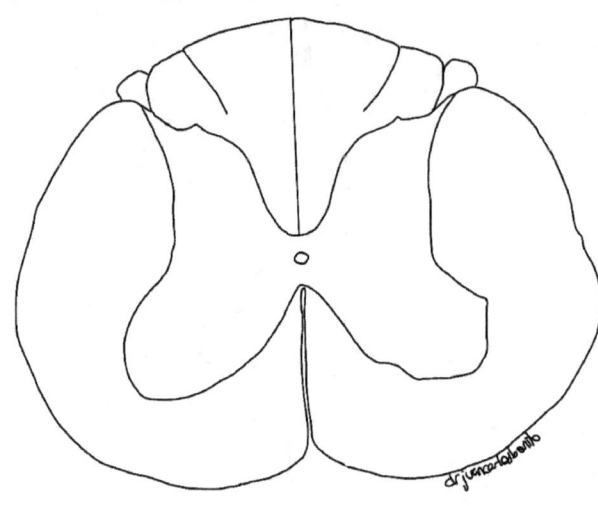

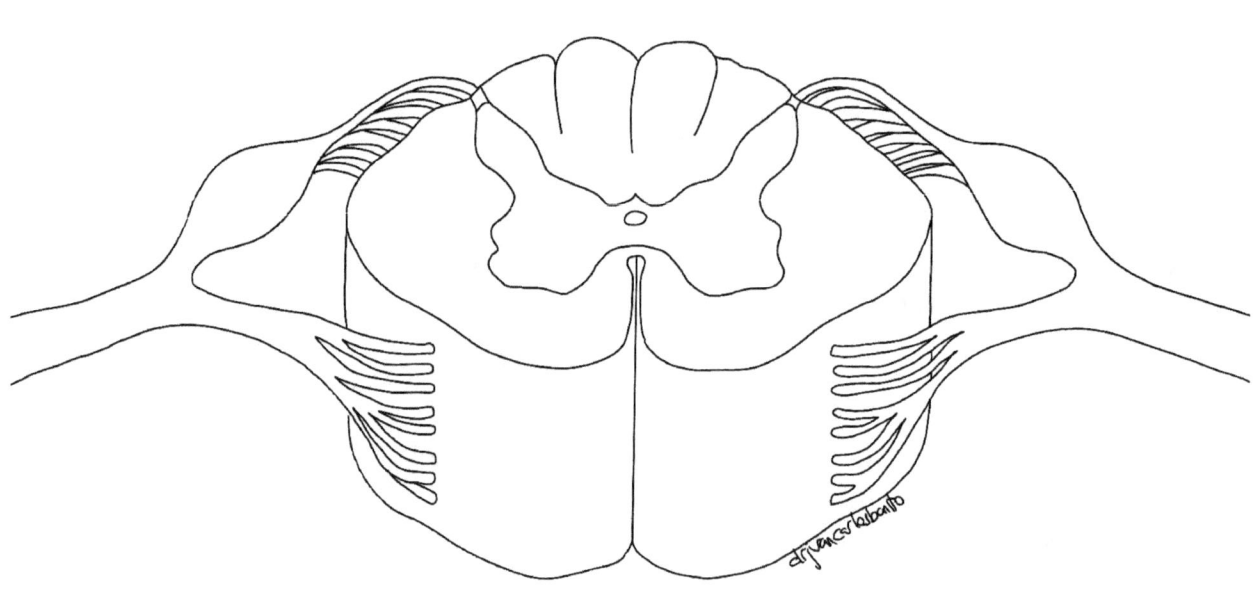

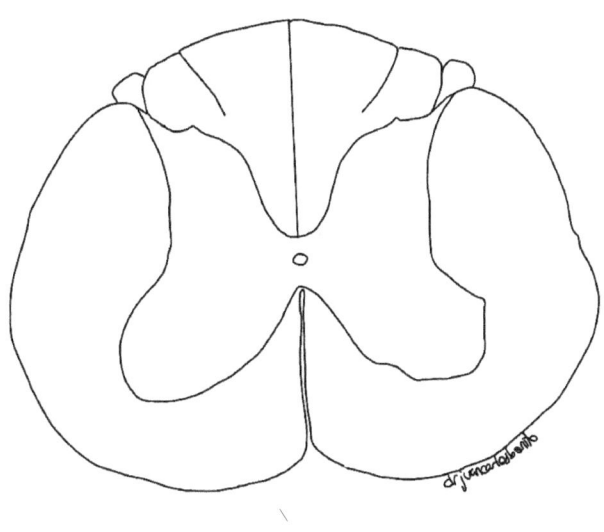

NERVIOS ESPINALES

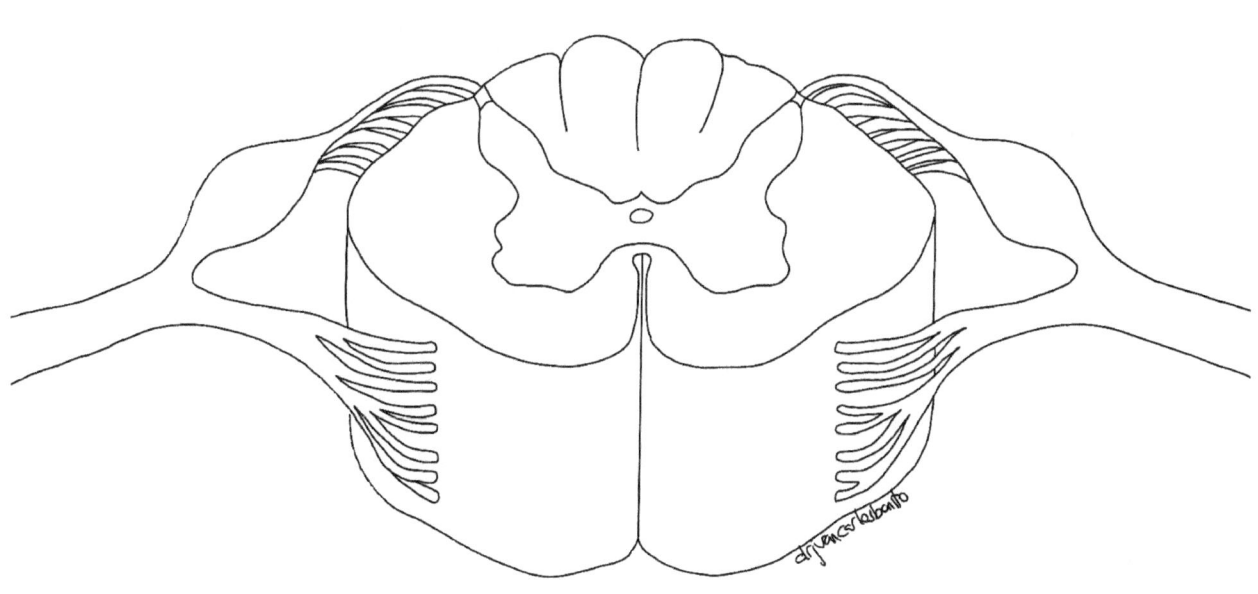

MÉDULA ESPINAL. SUSTANCIA GRIS

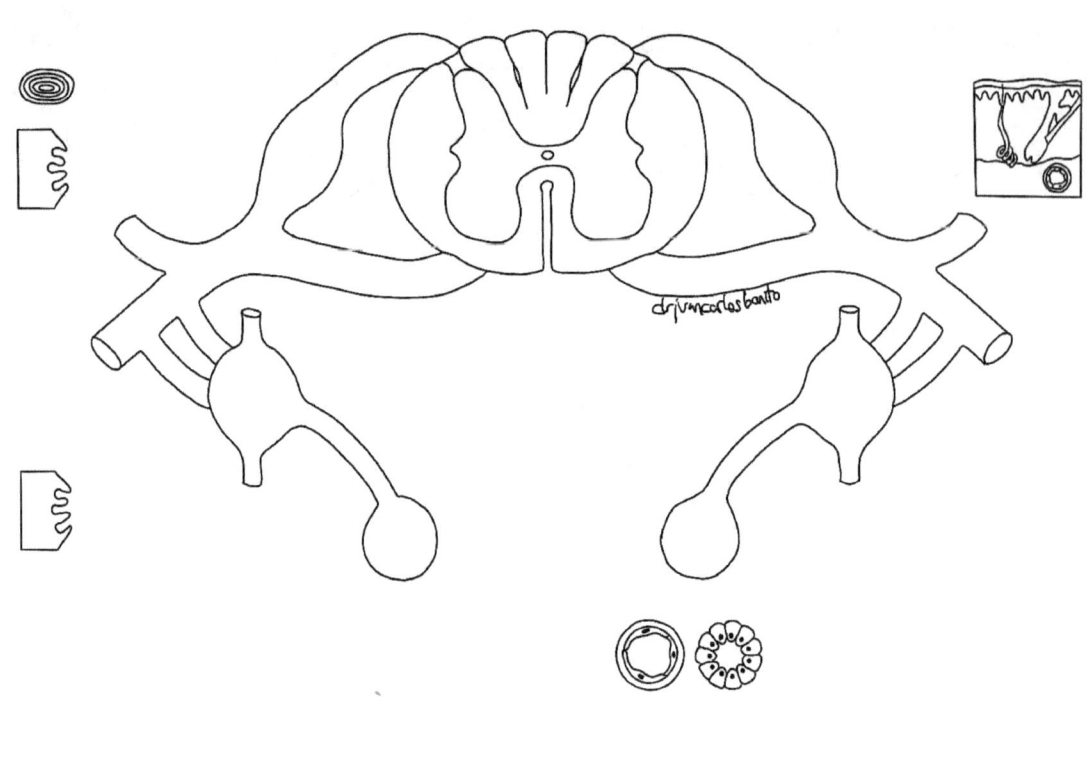

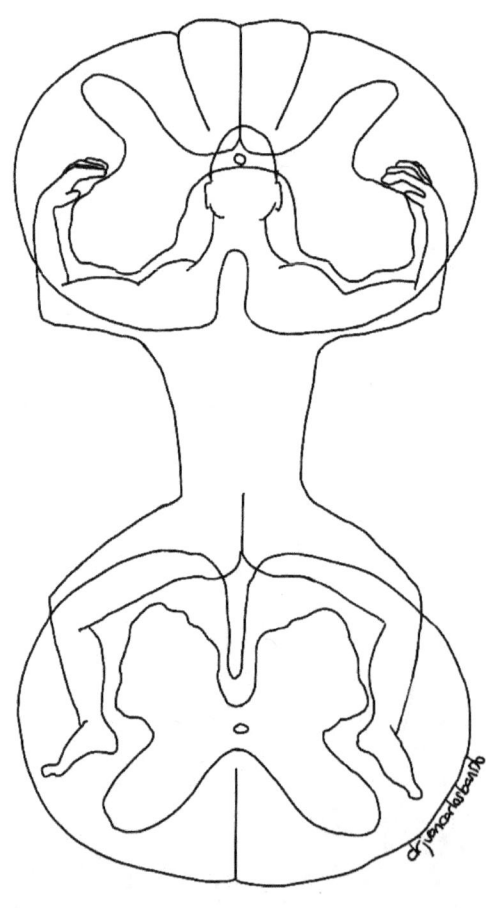

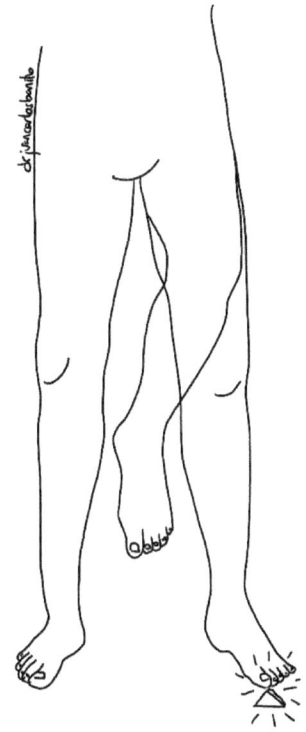

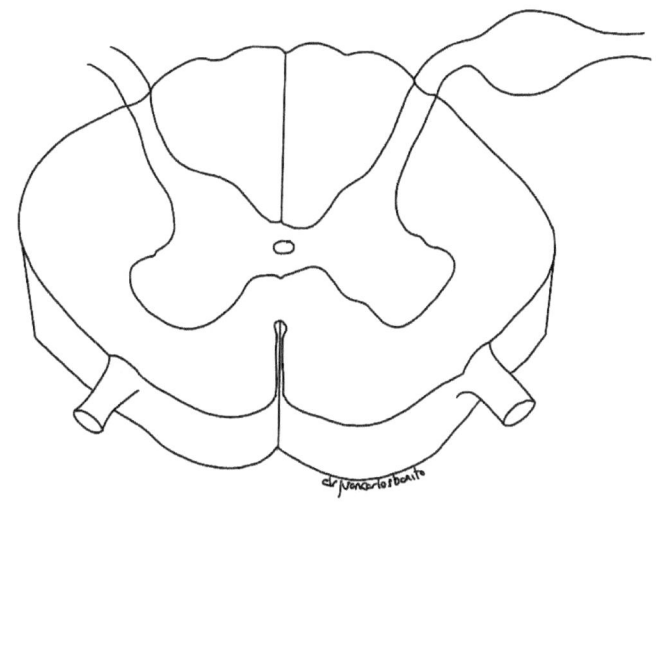

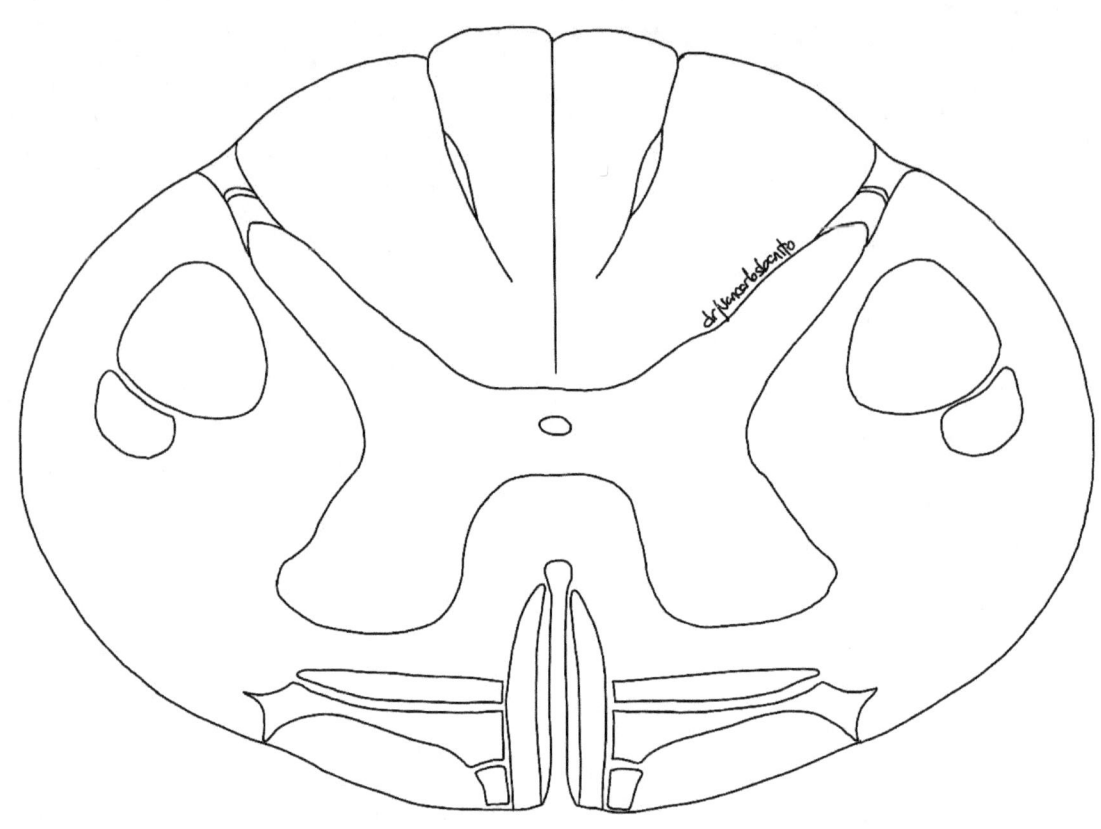

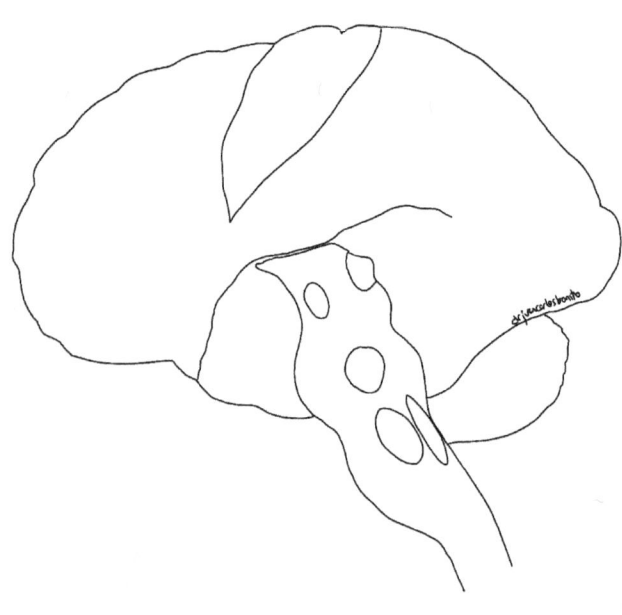

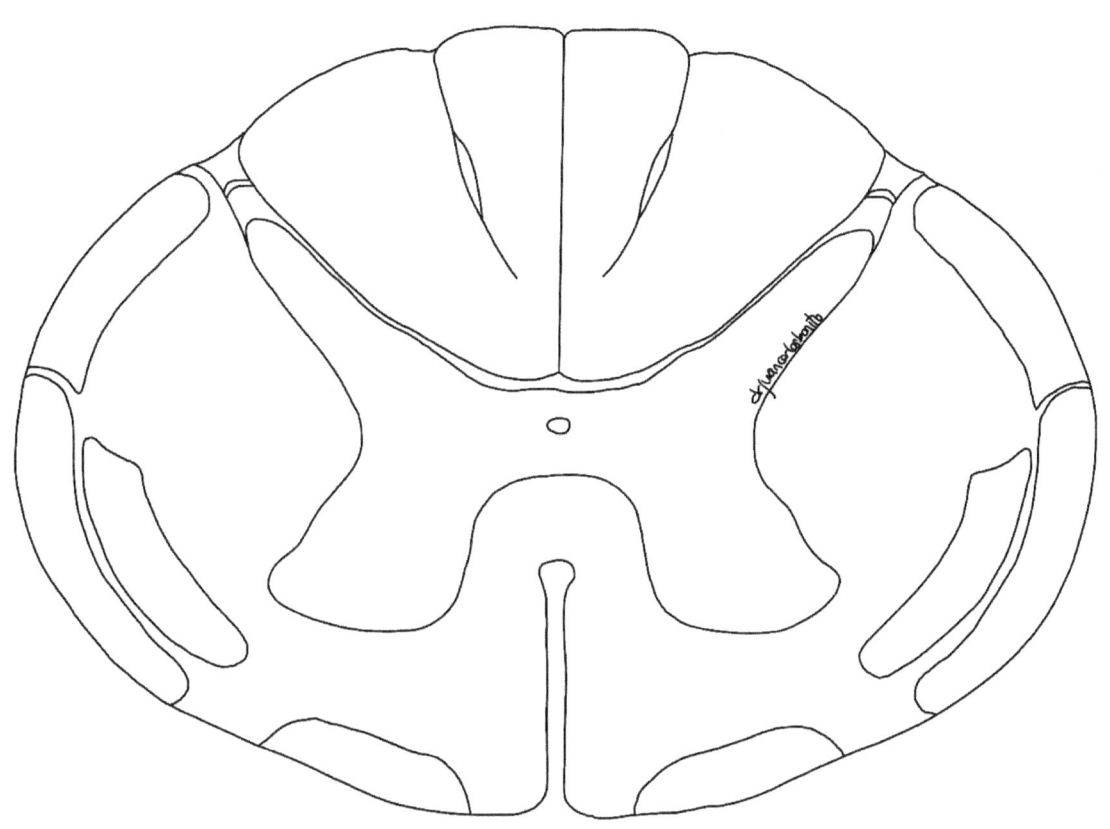

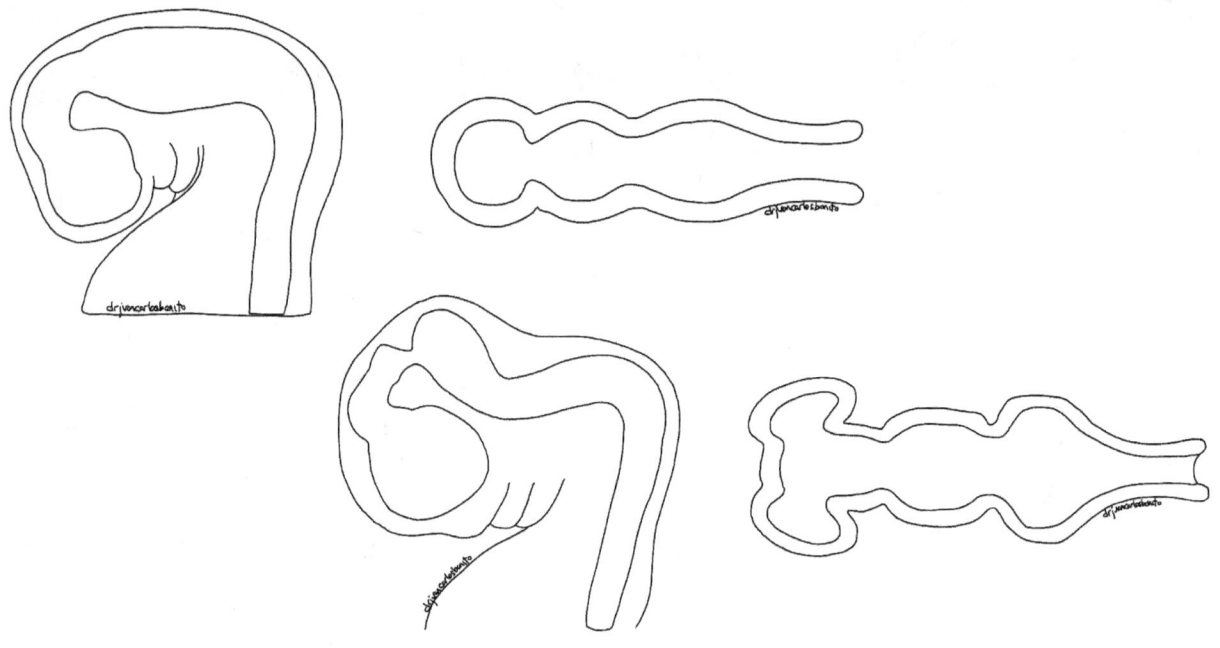

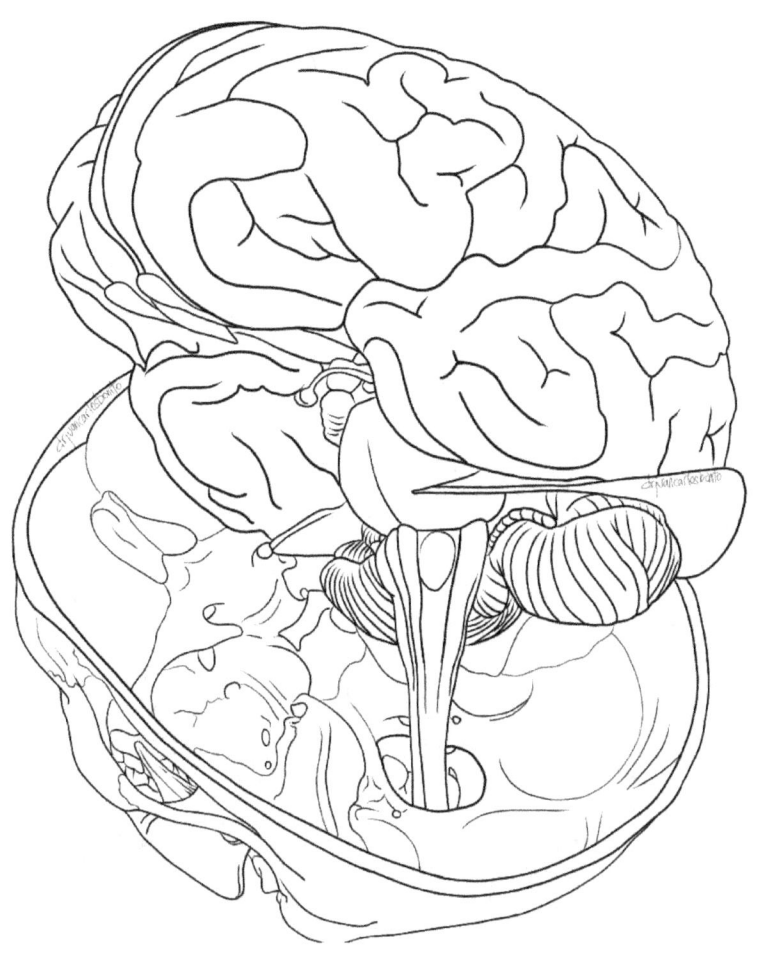

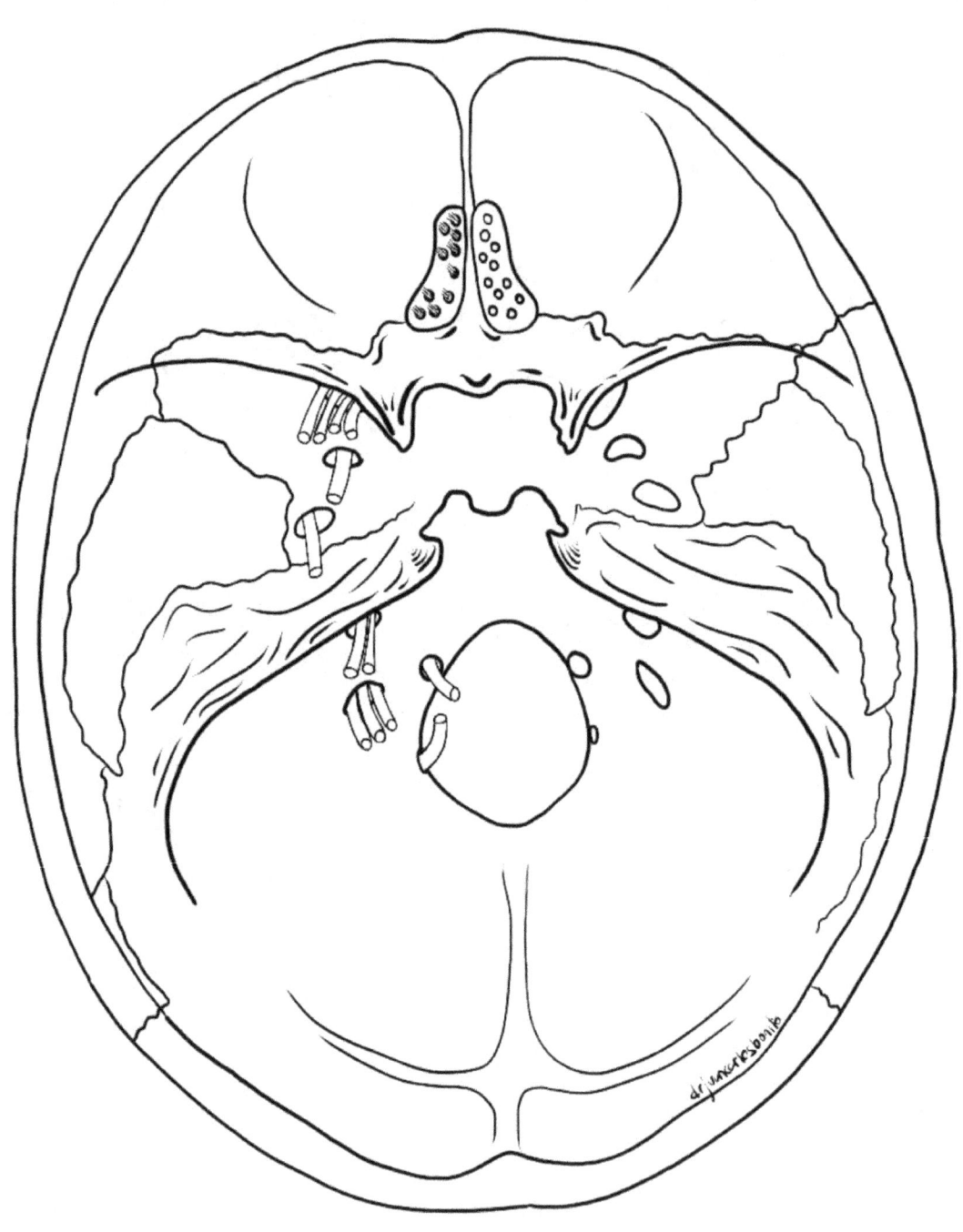

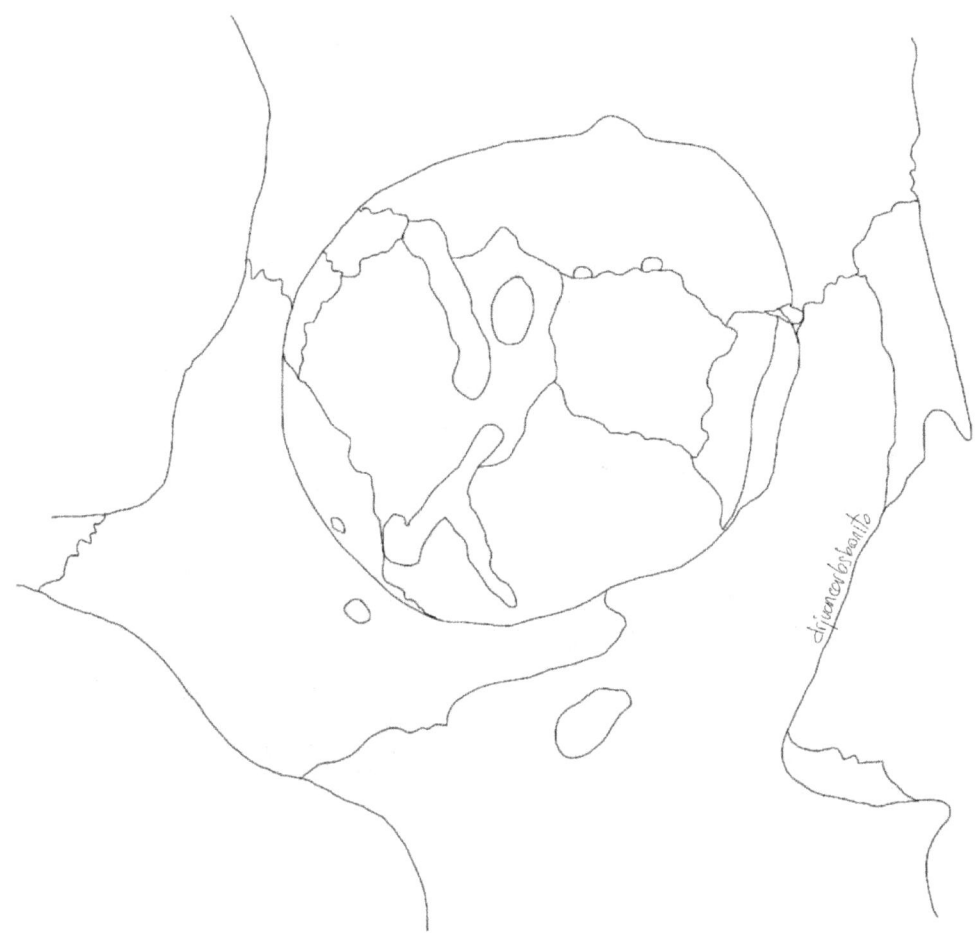

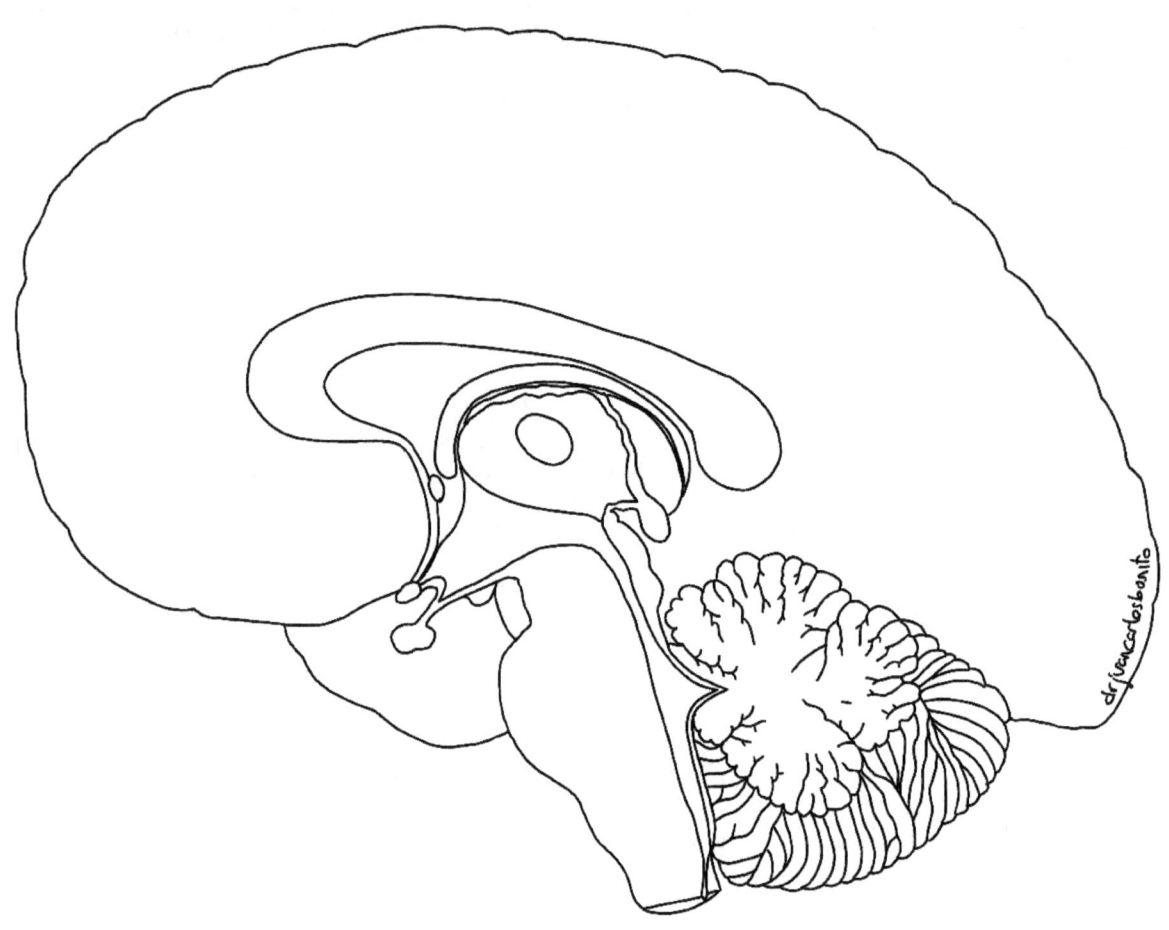

VENTRÍCULOS

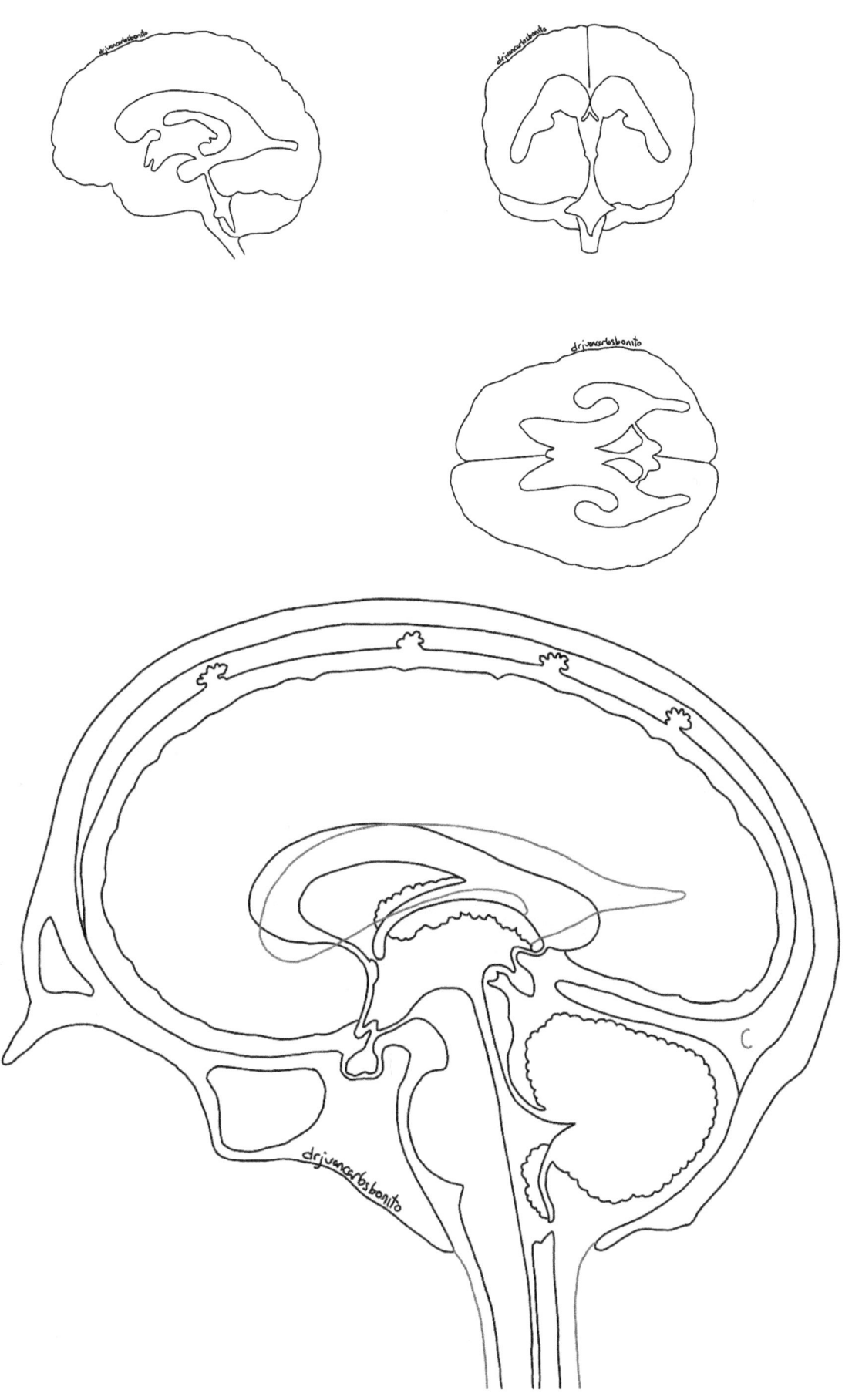

15

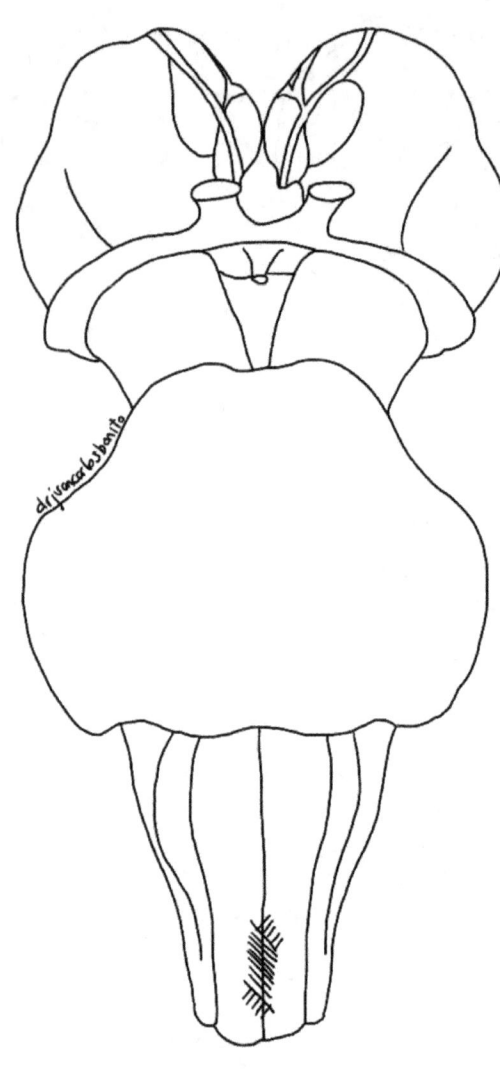

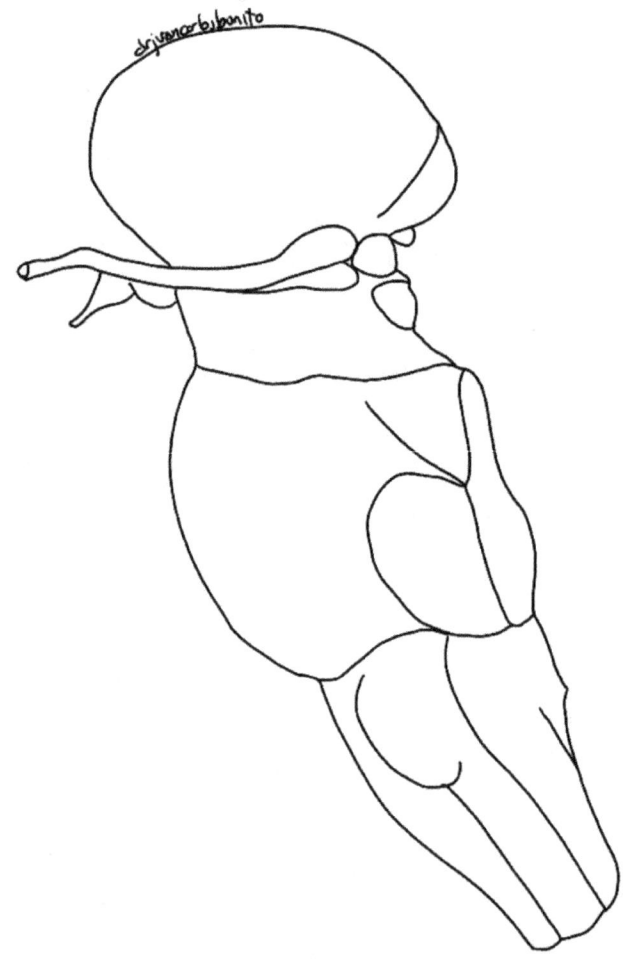

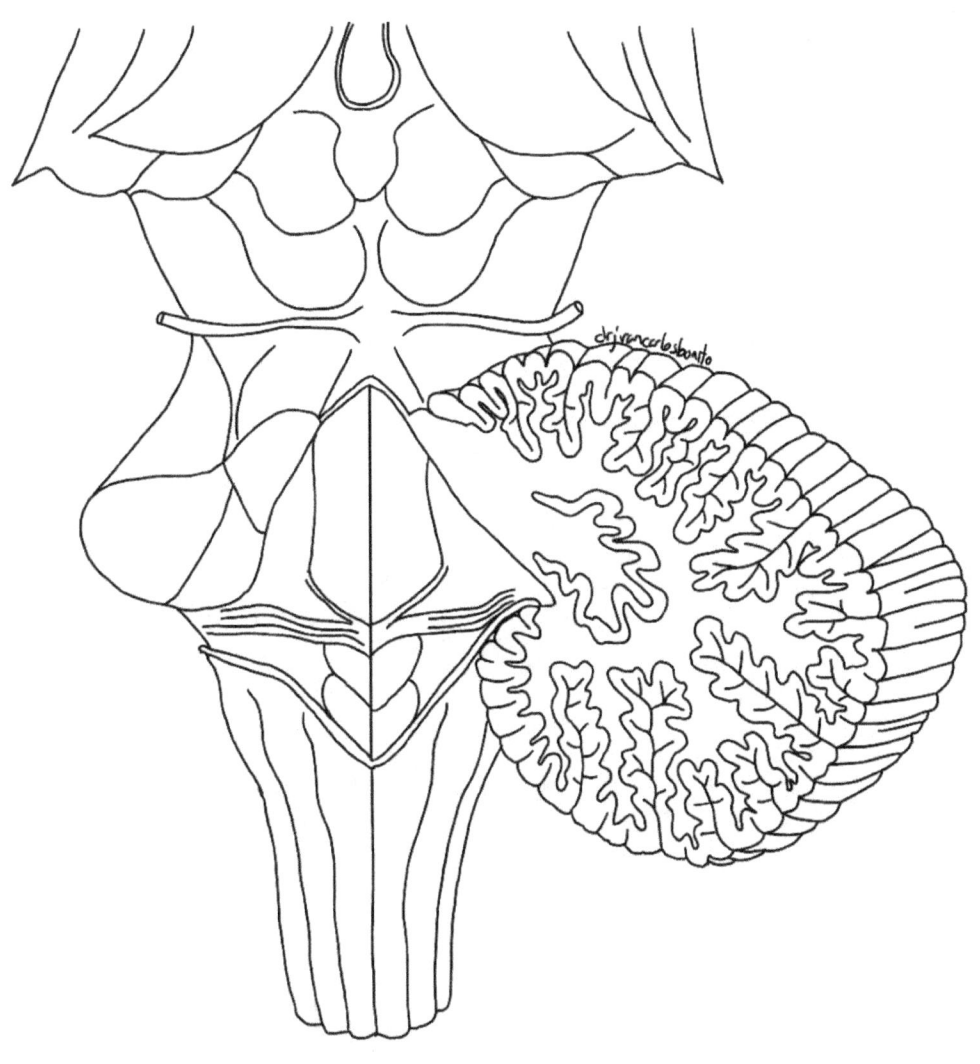

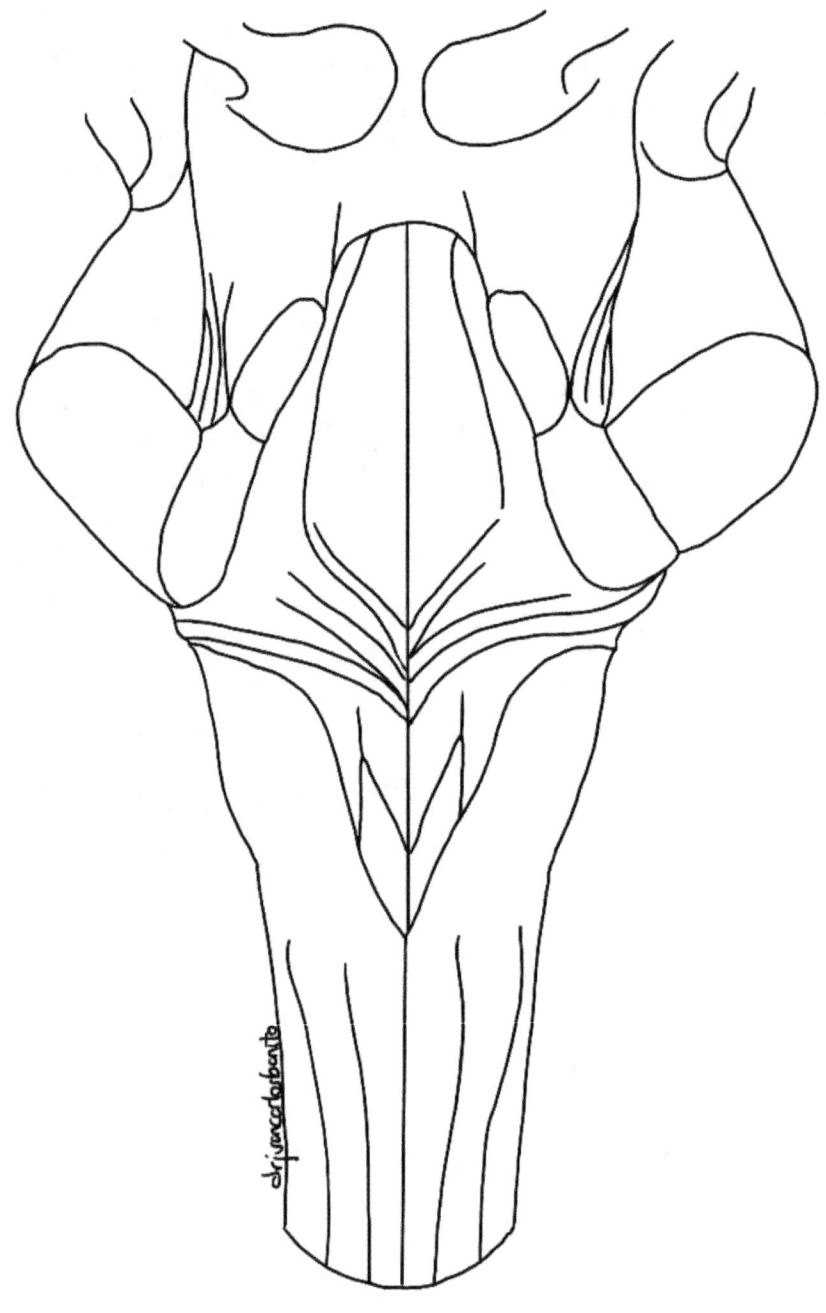

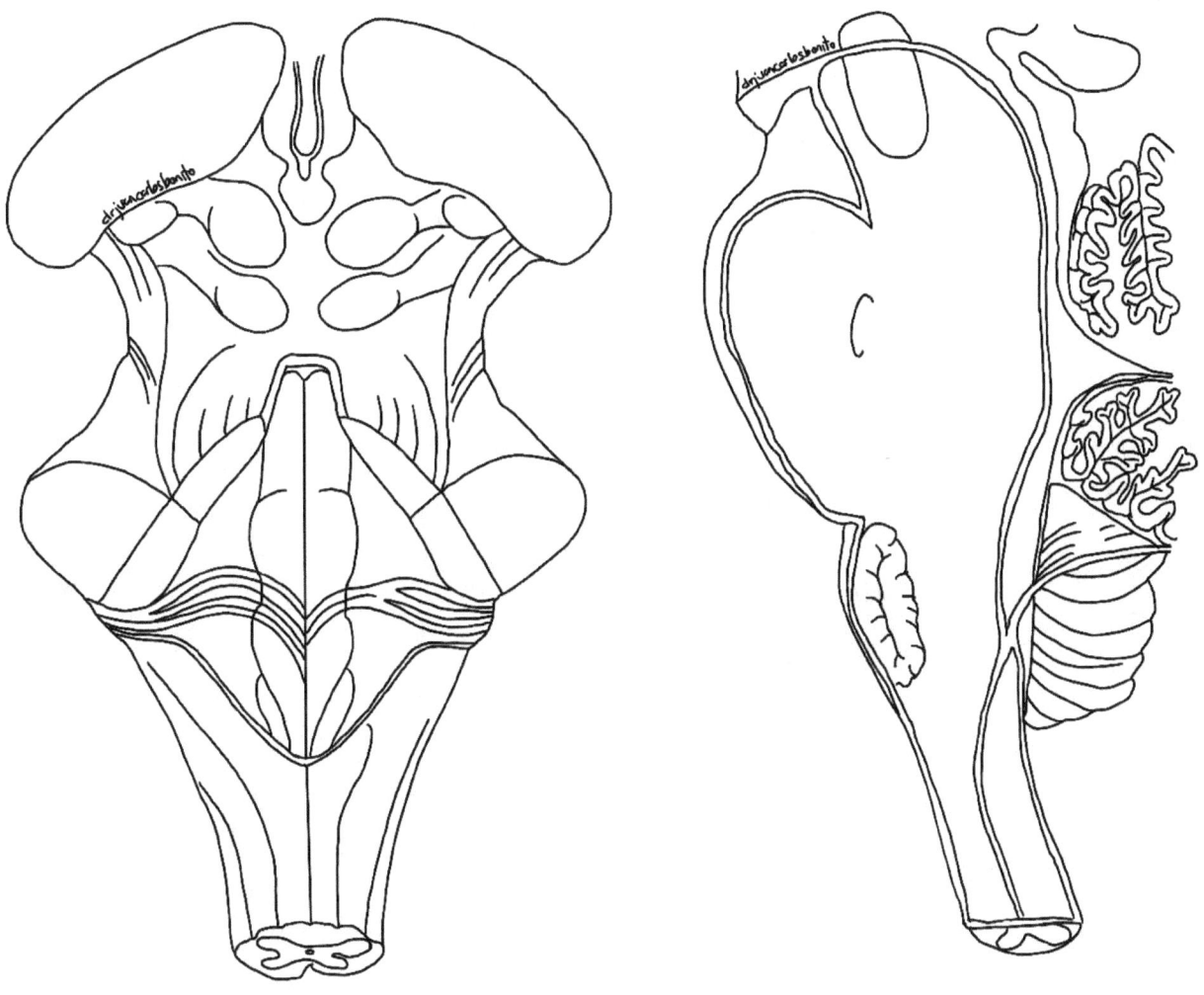

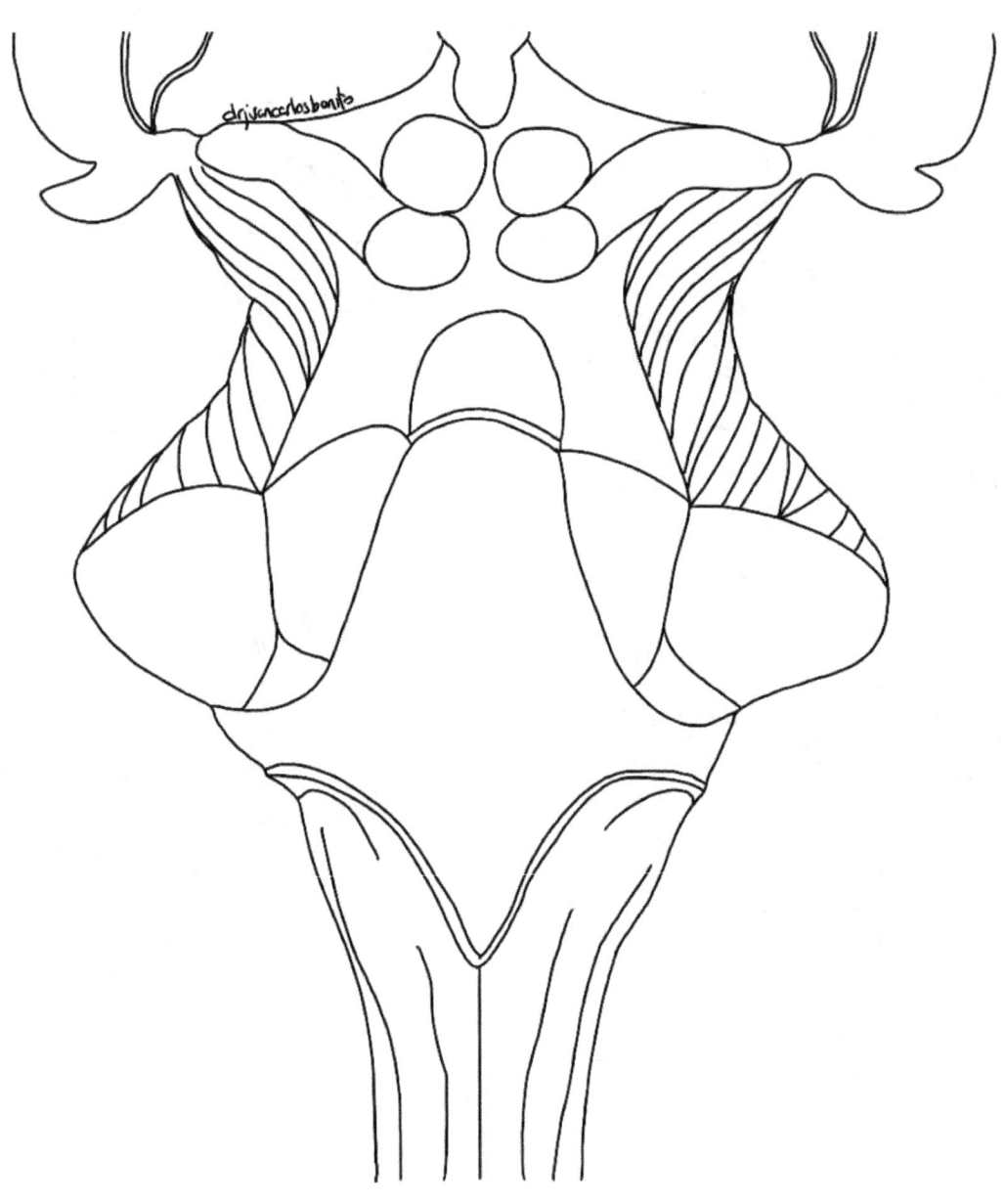

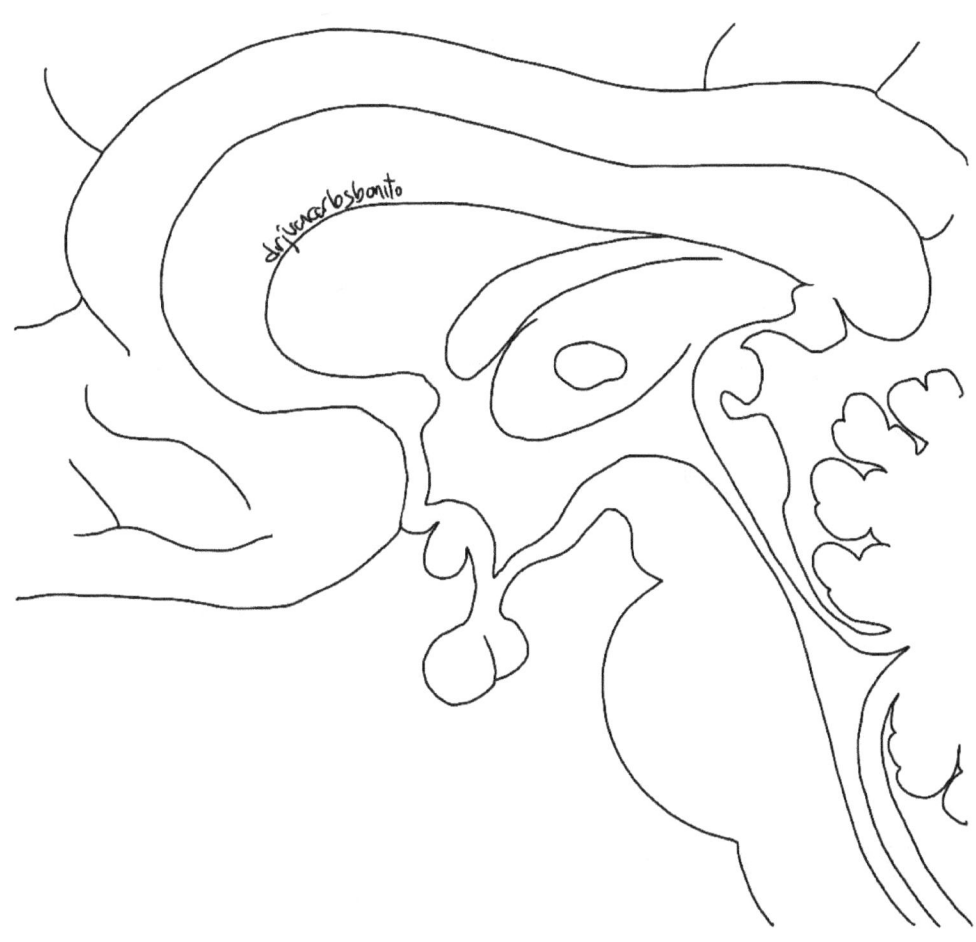

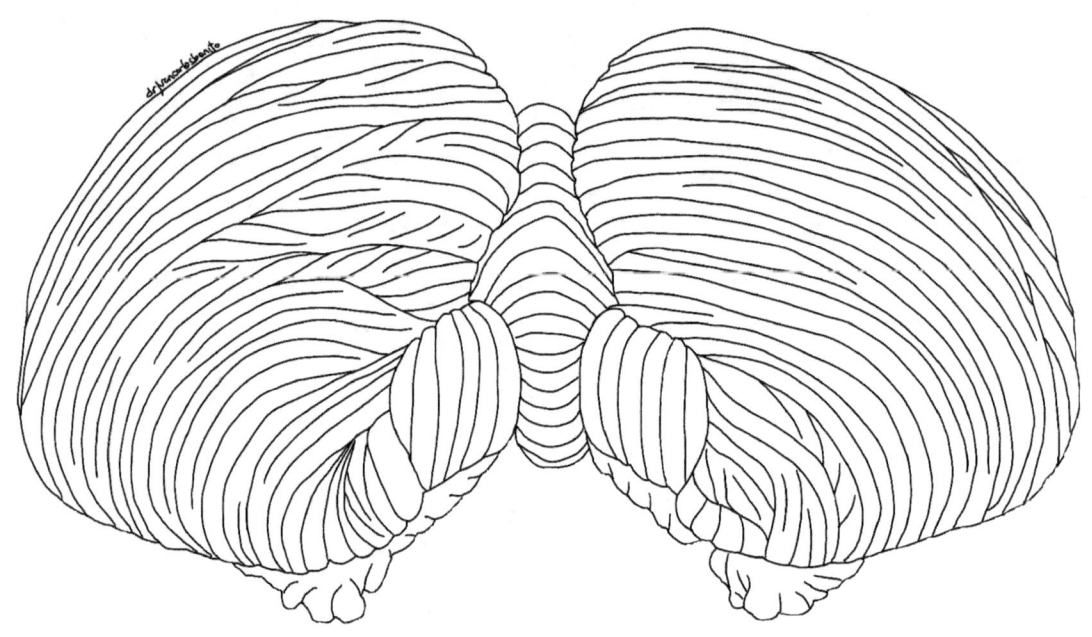

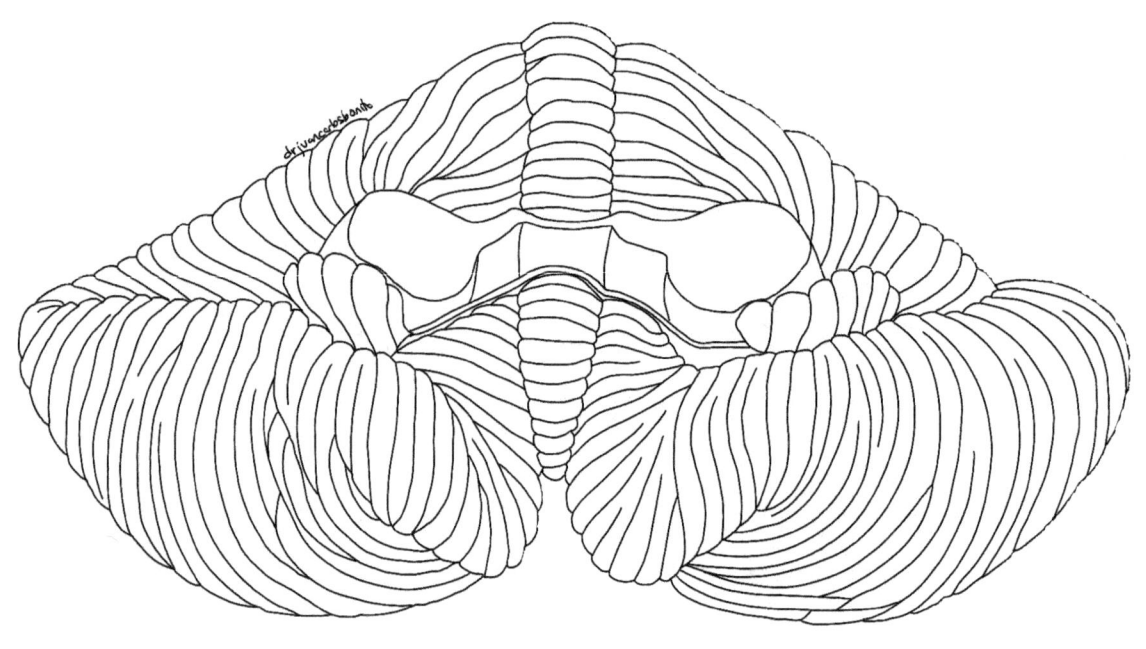

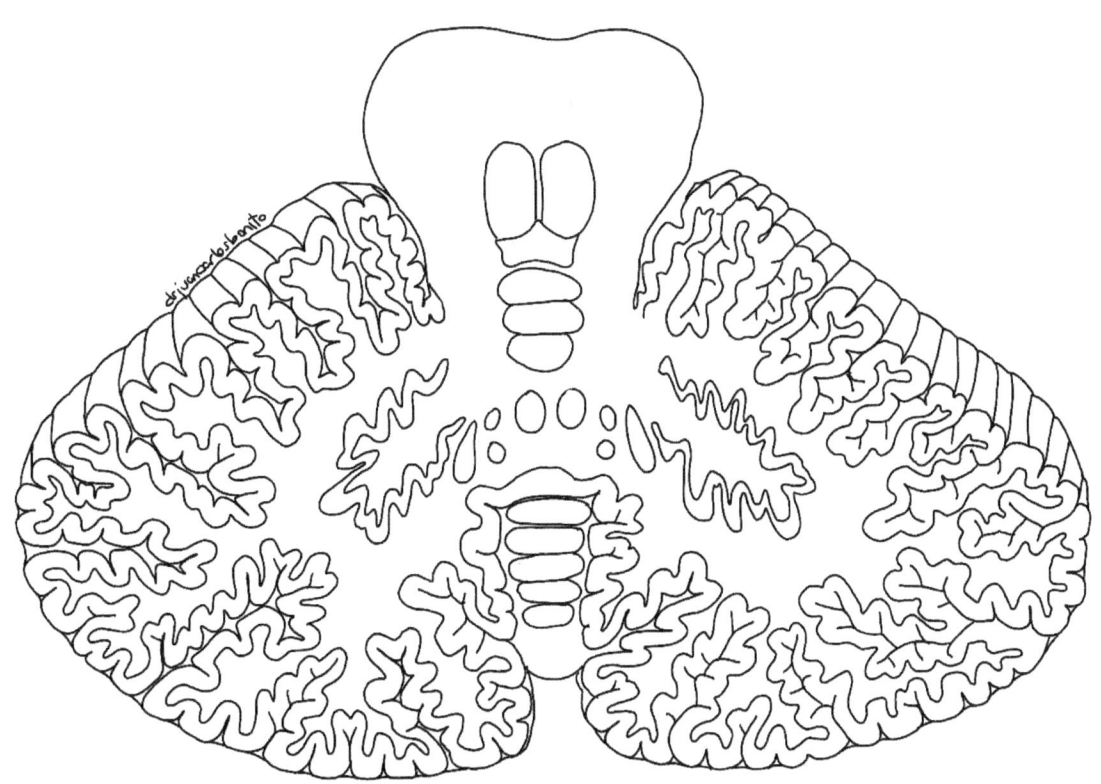

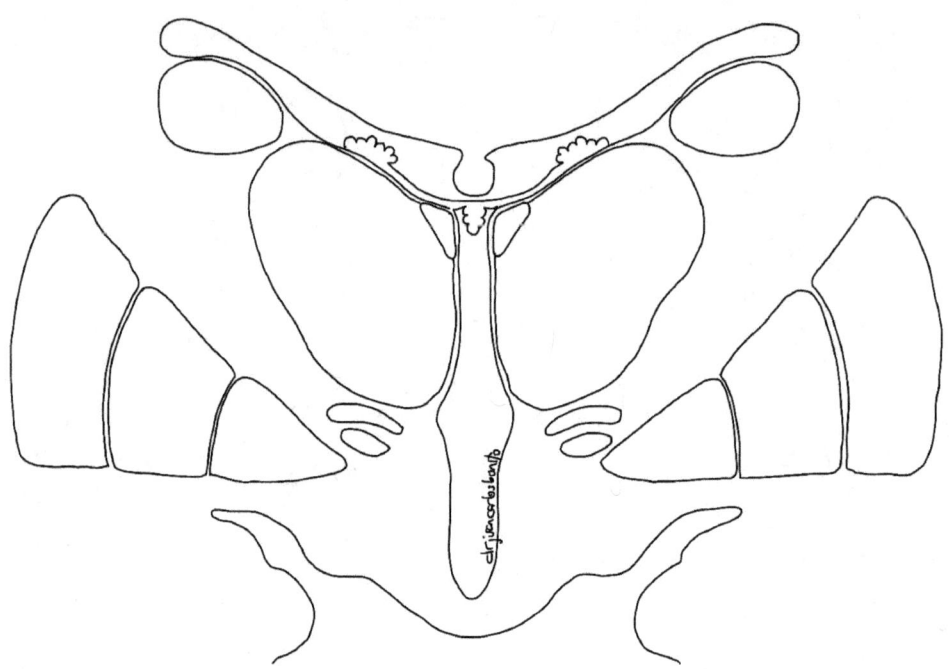

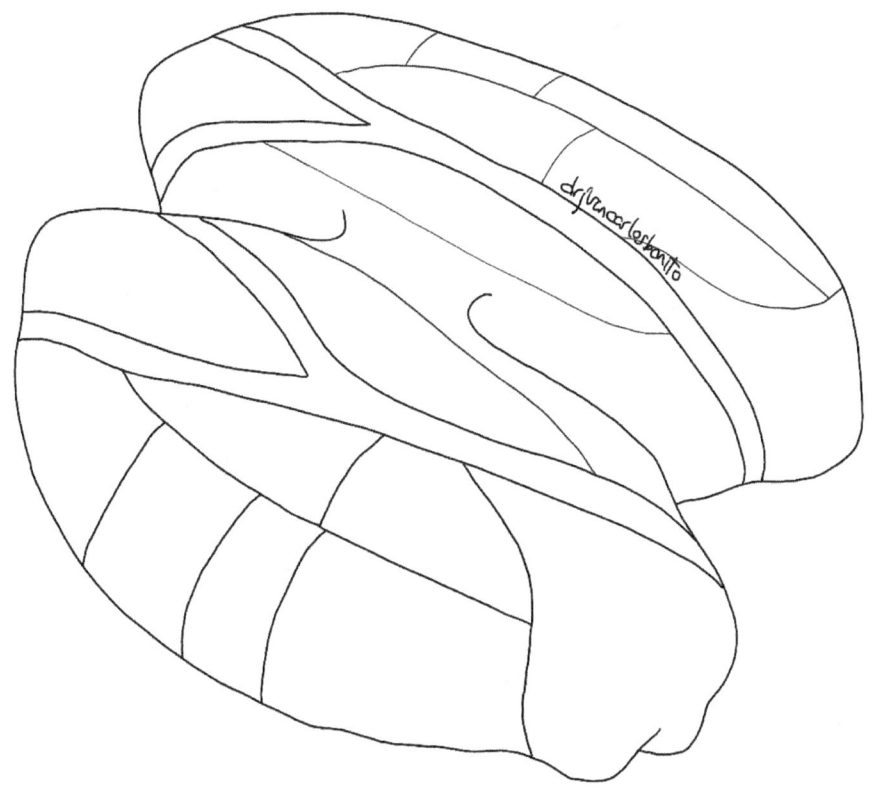

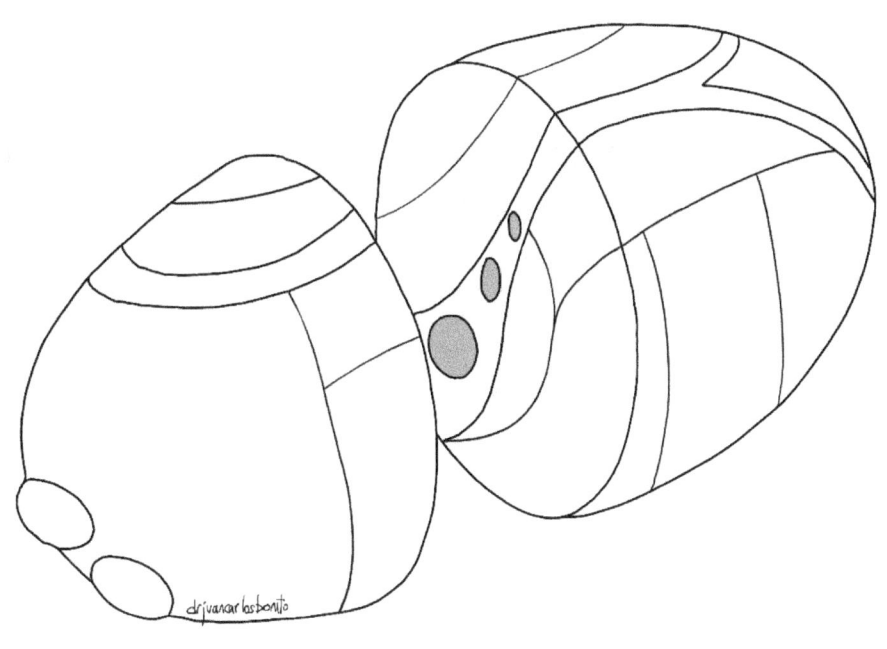

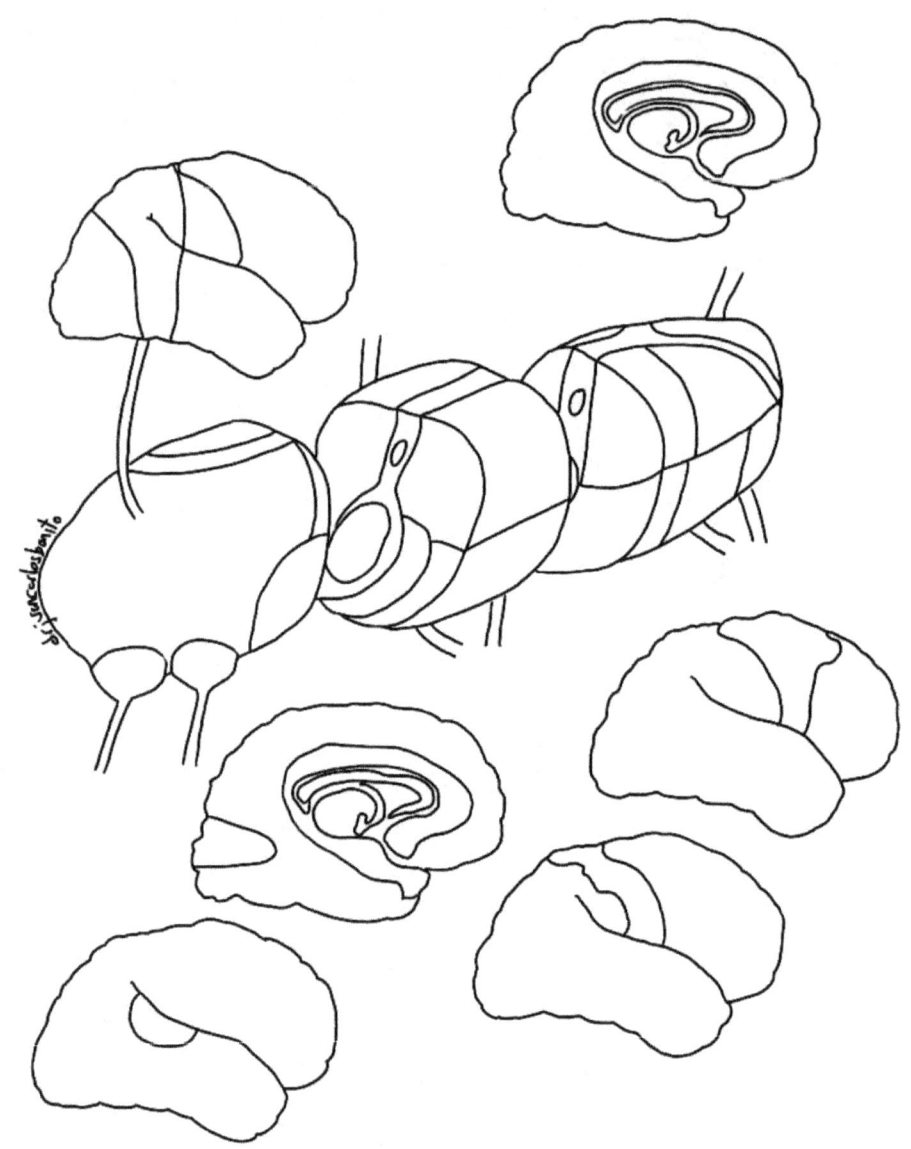

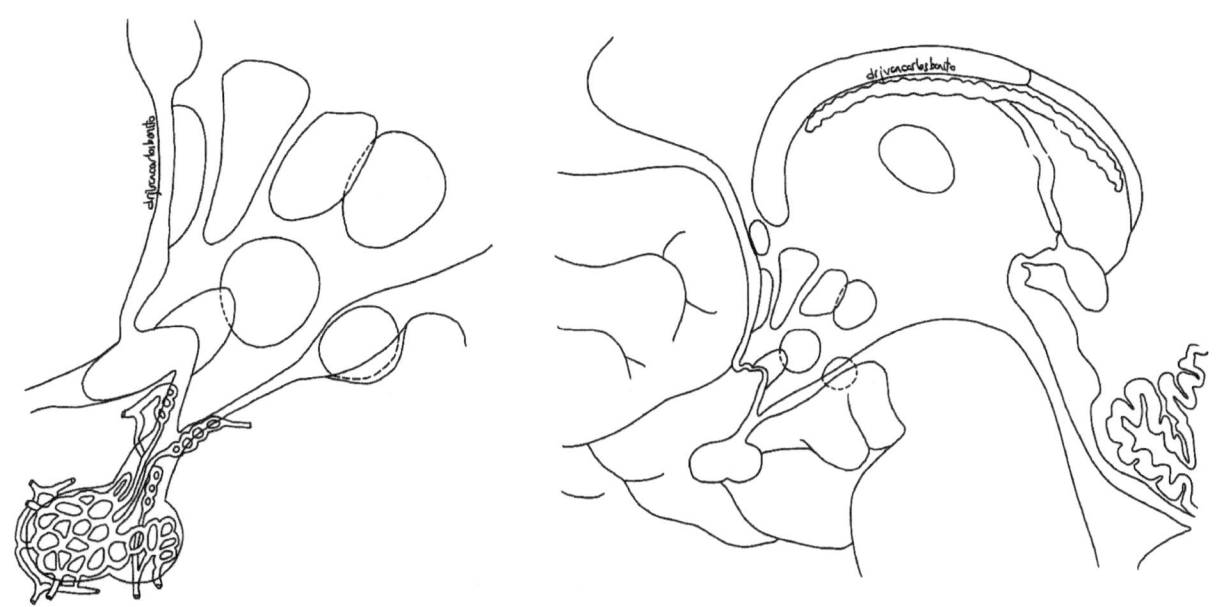

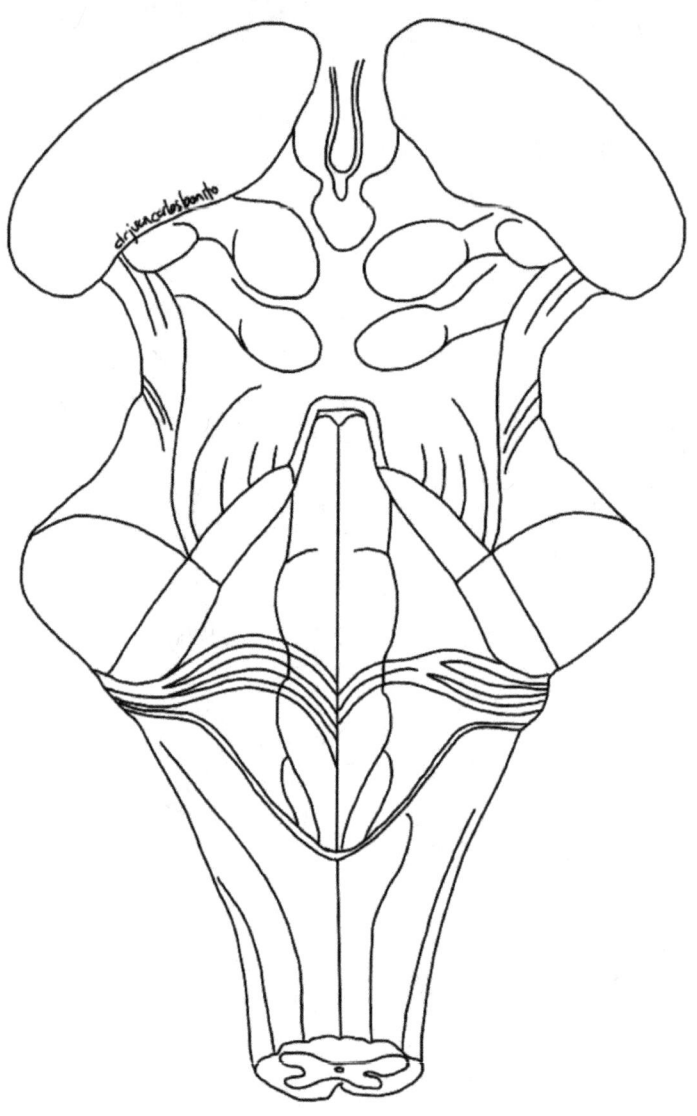

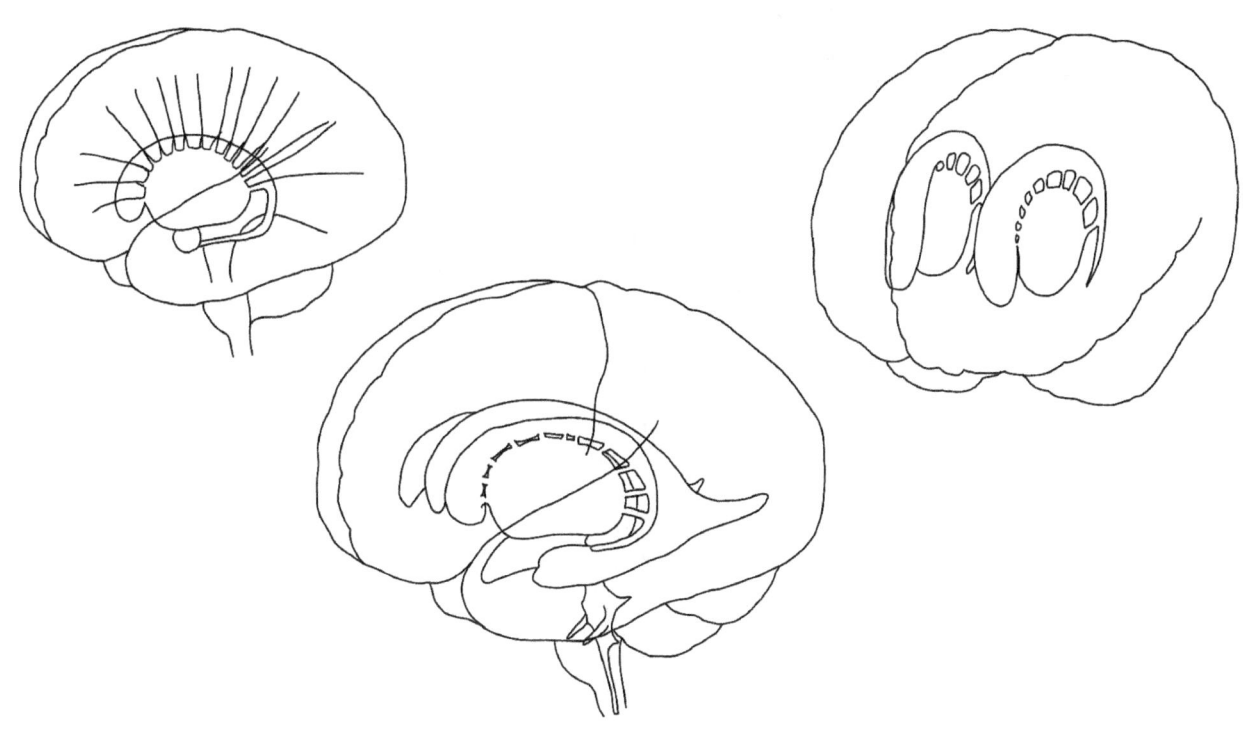

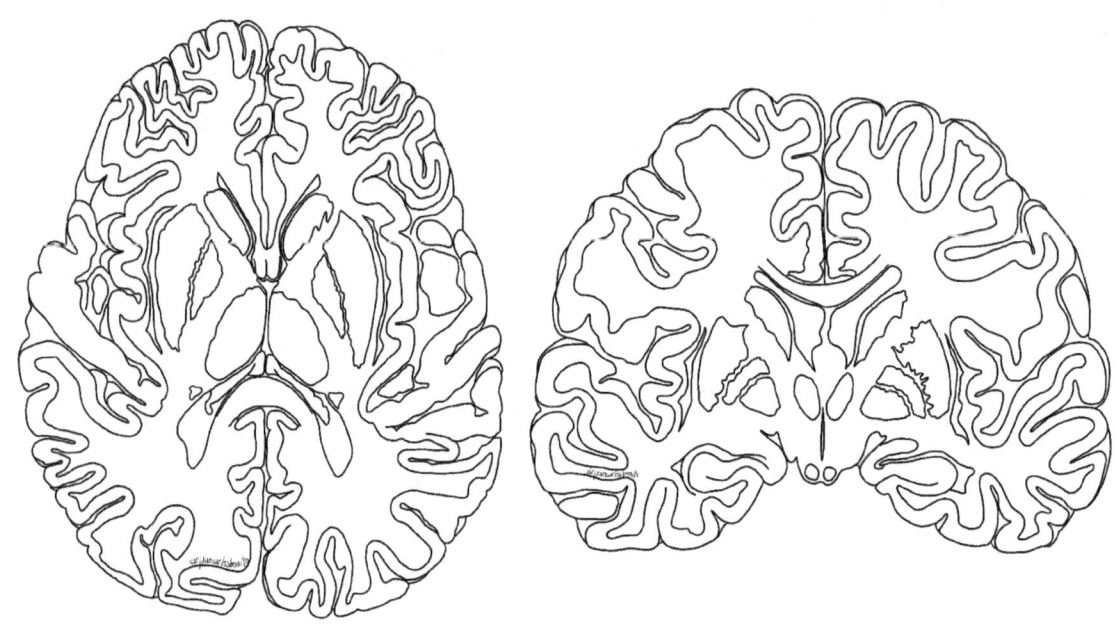

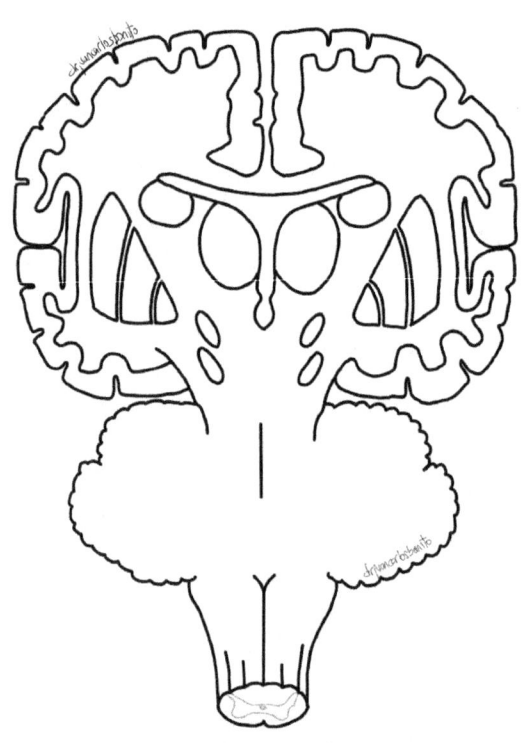

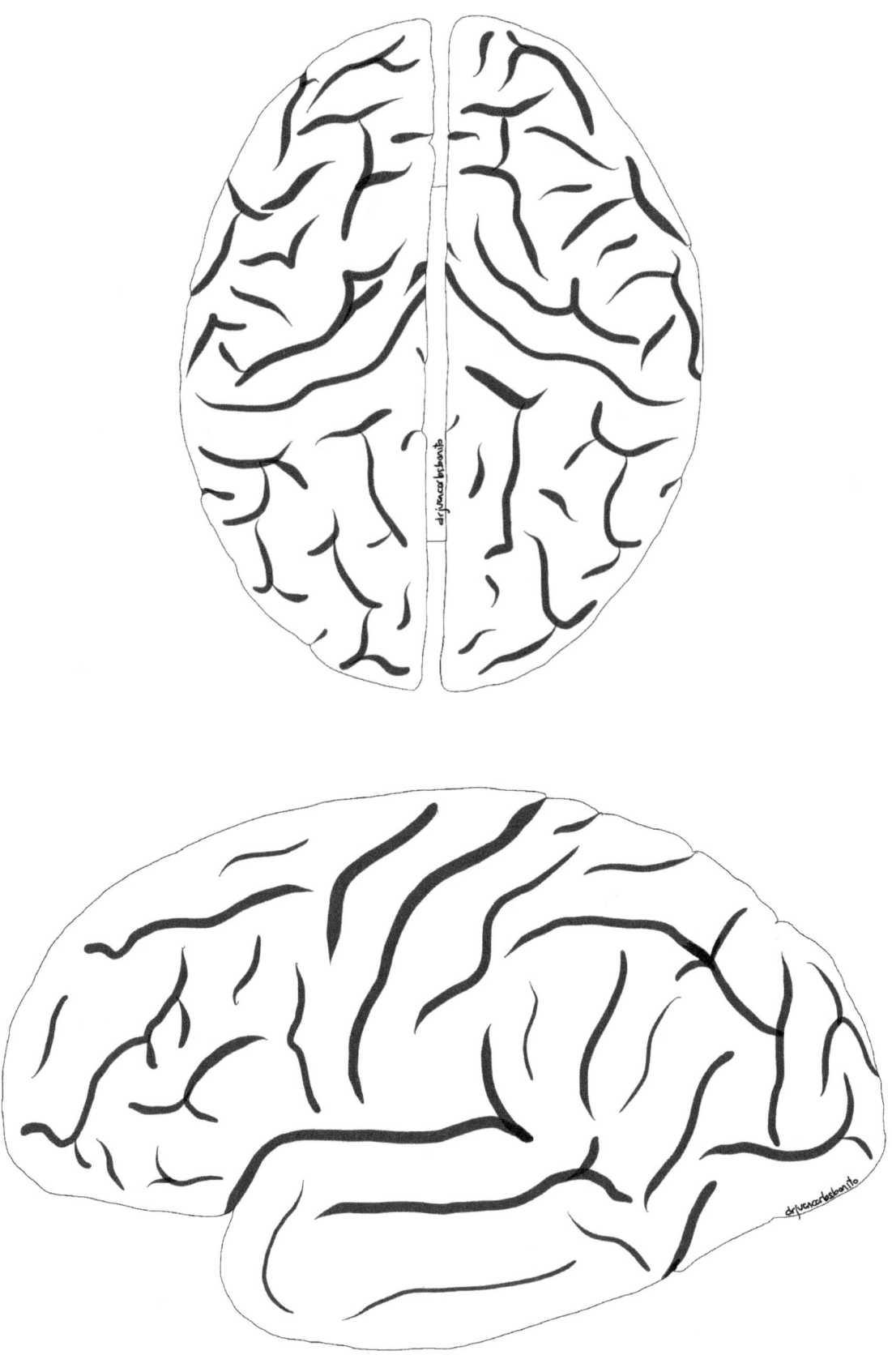

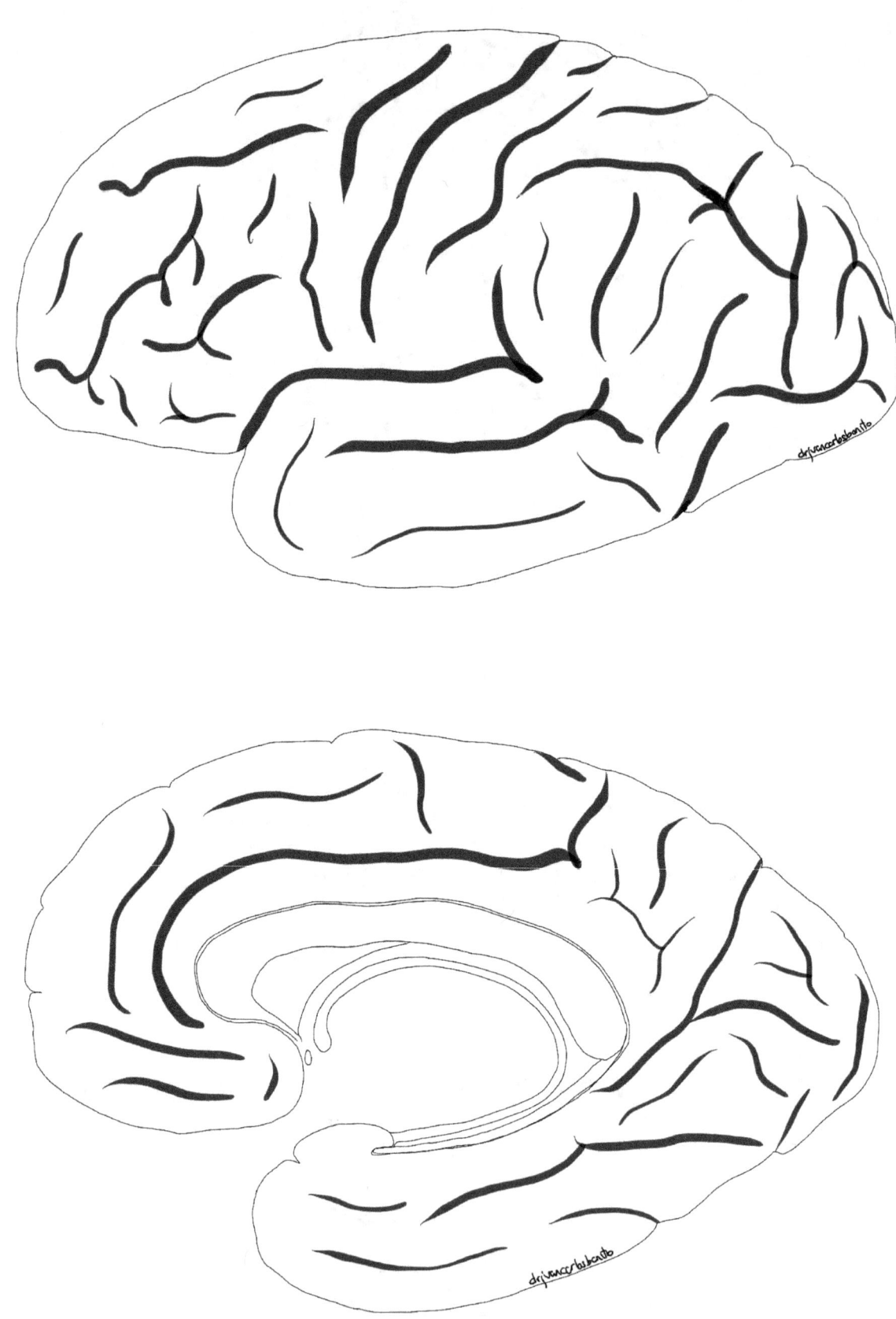

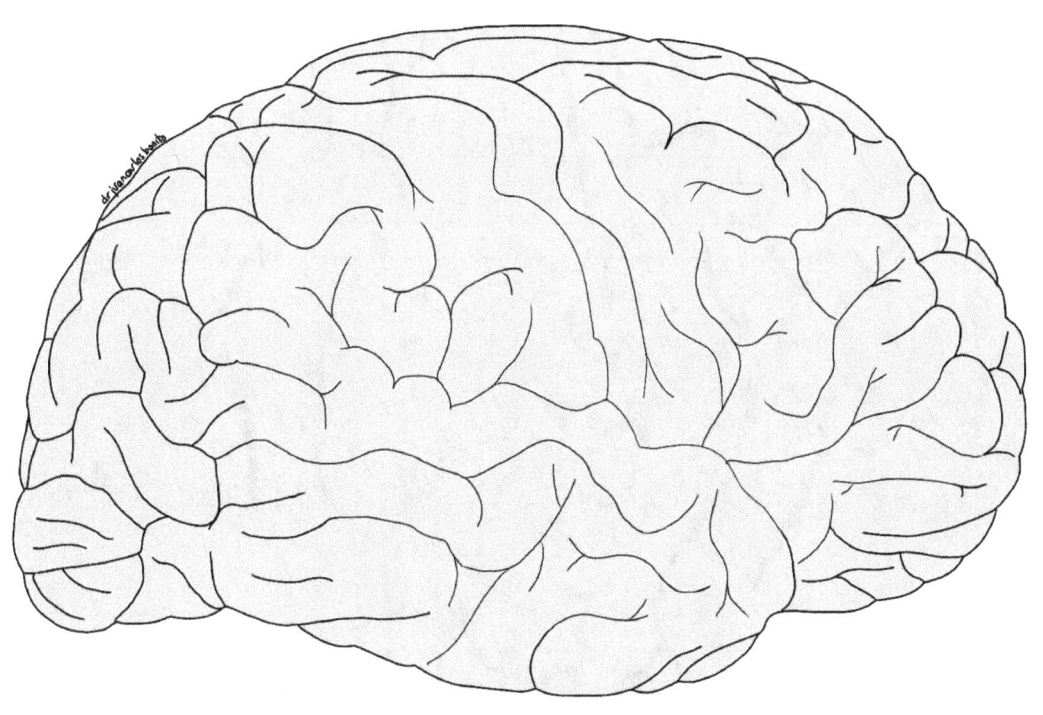

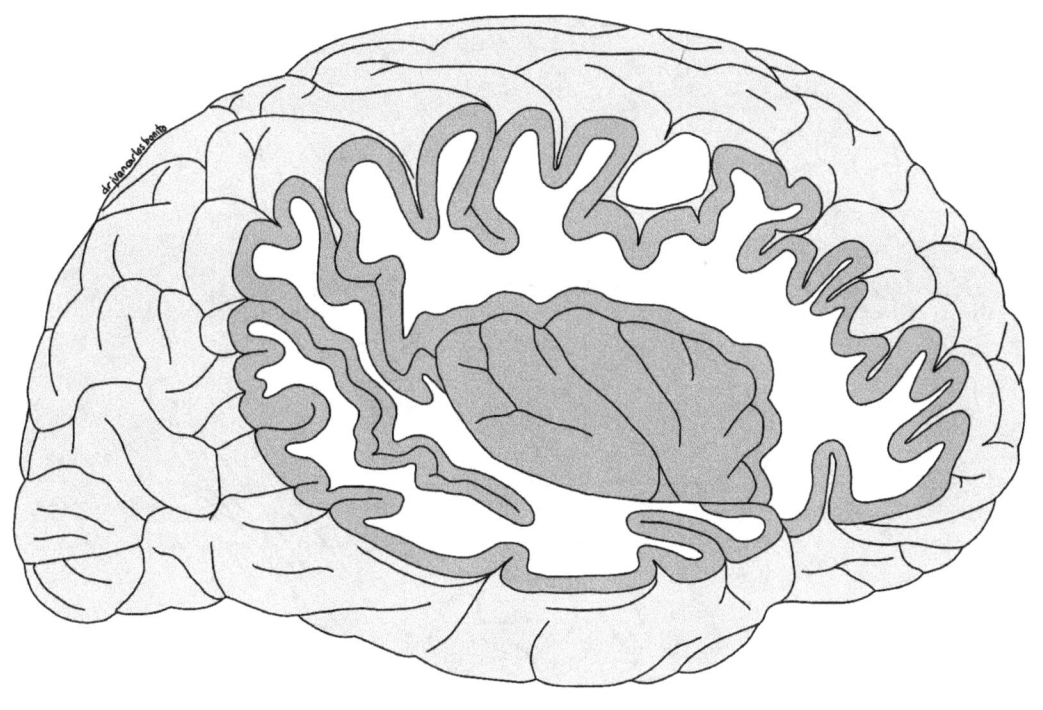

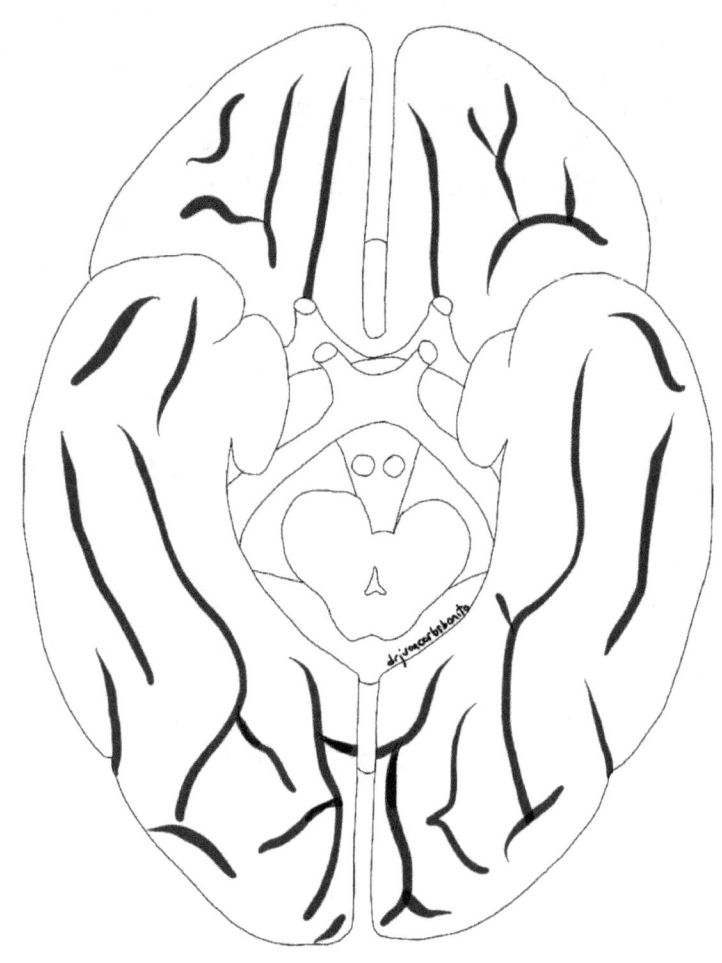

CUERPO CALLOSO Y FÓRNIX

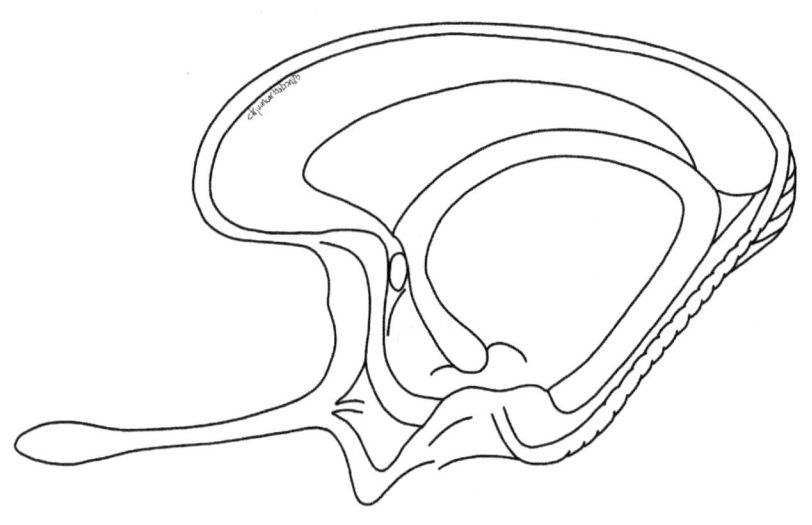

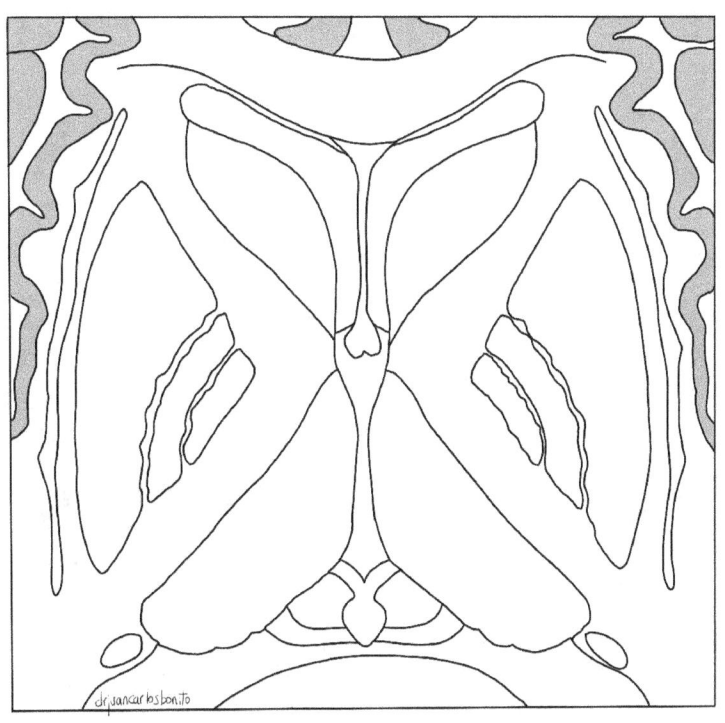

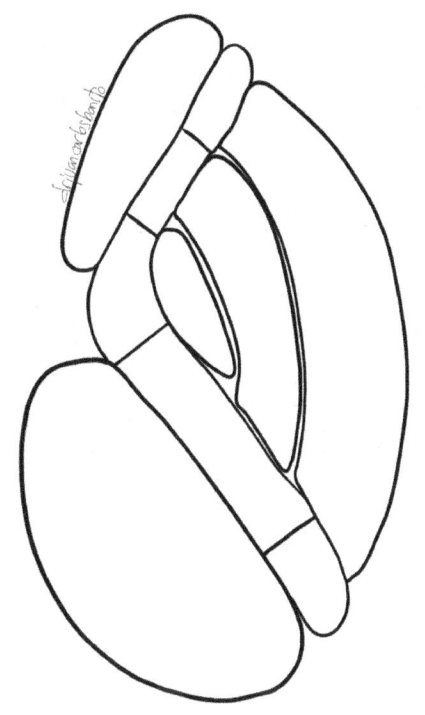

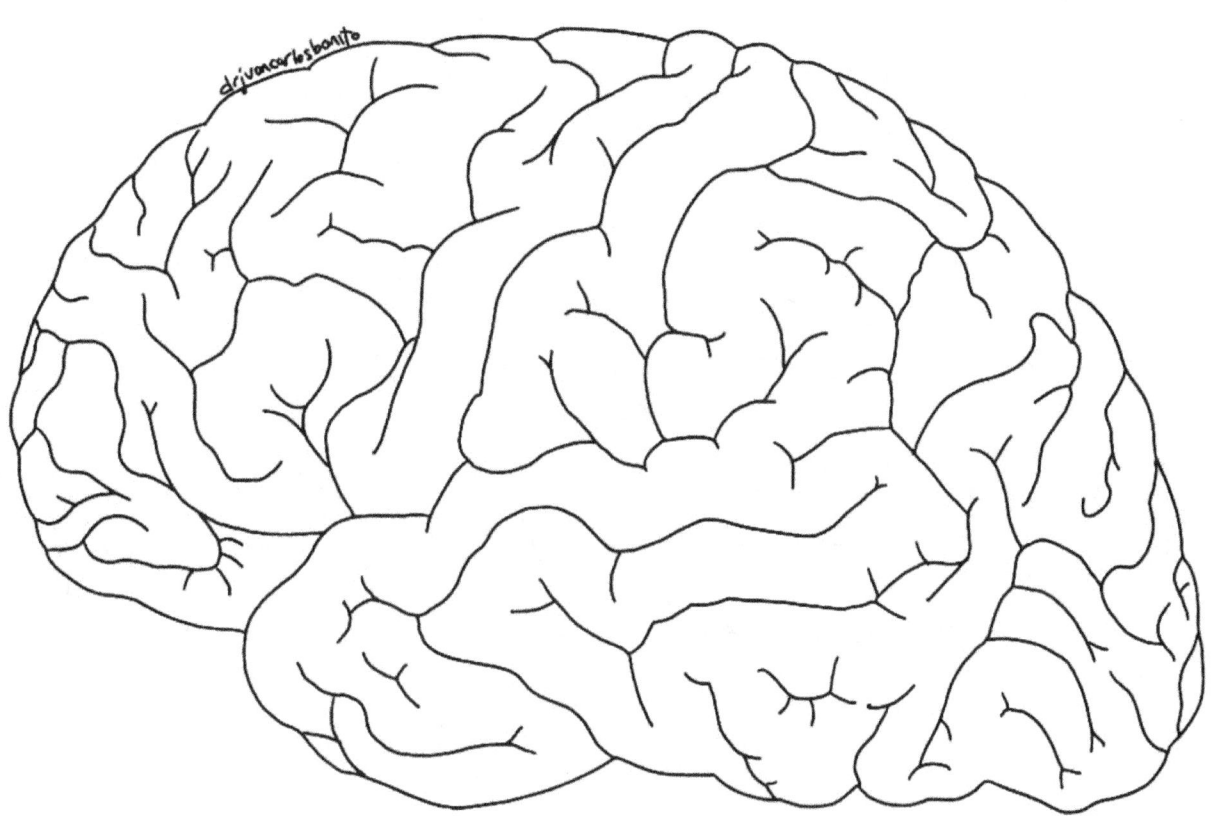

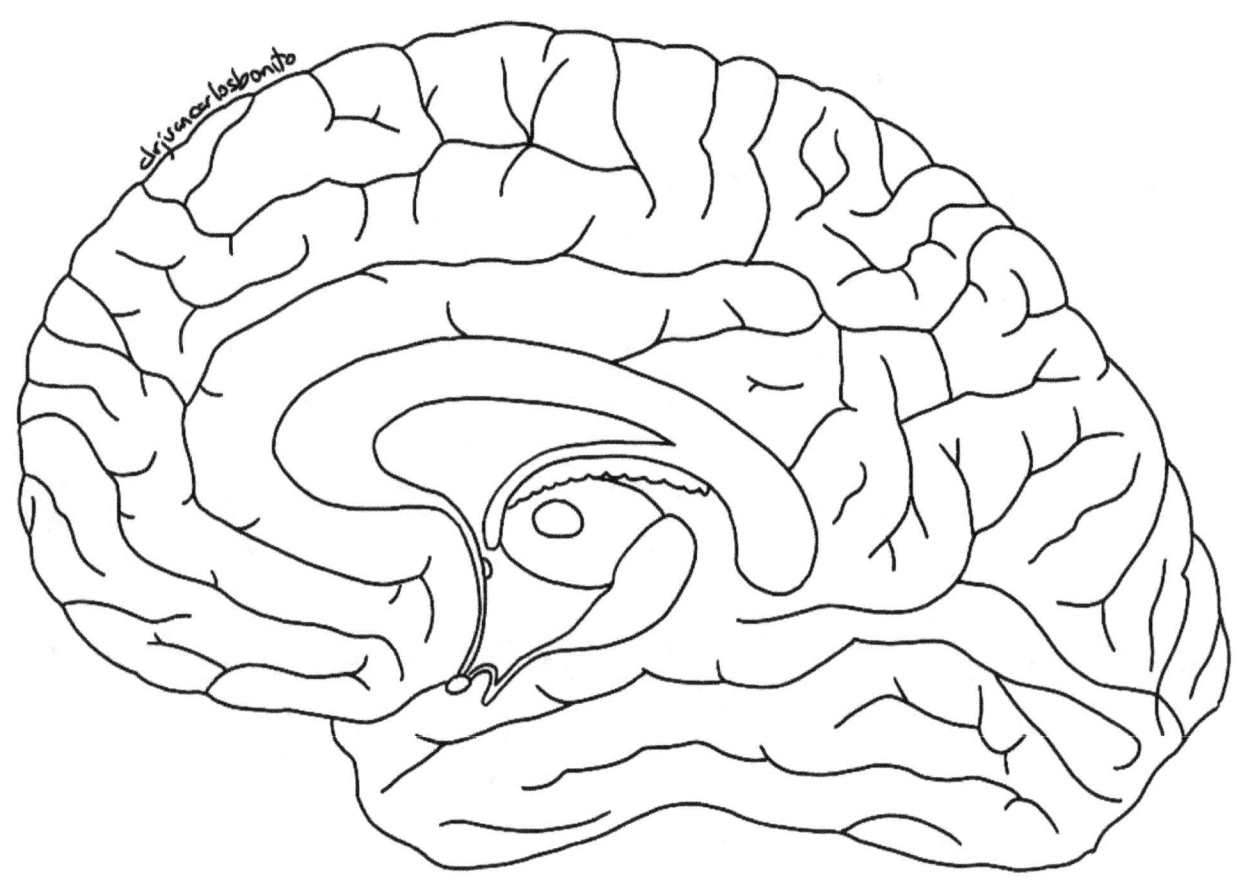

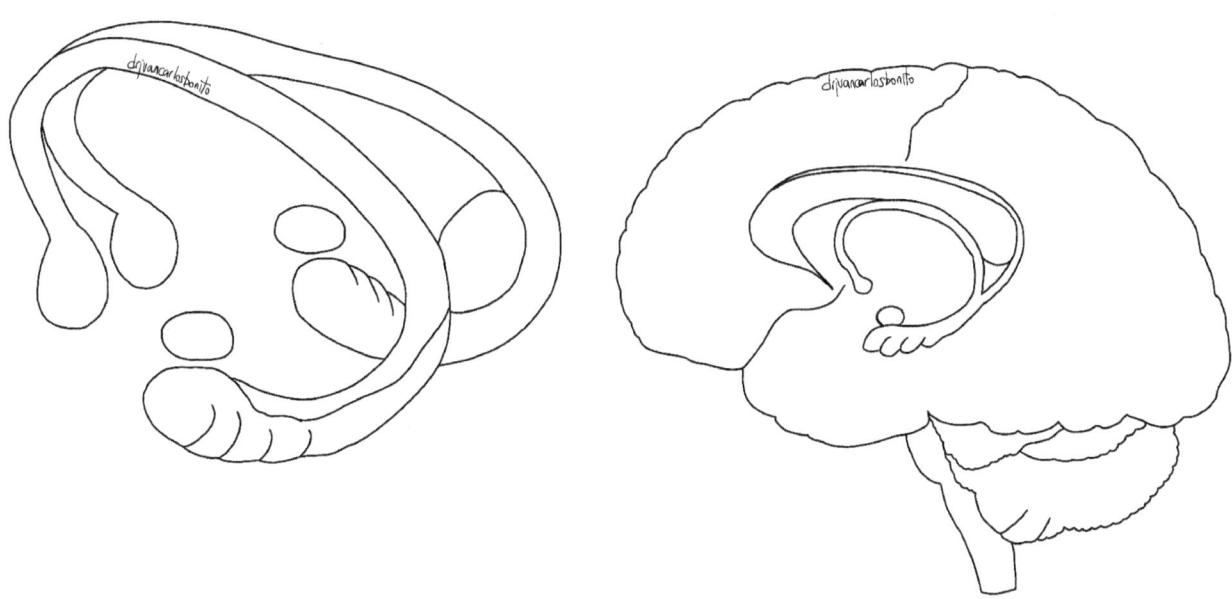

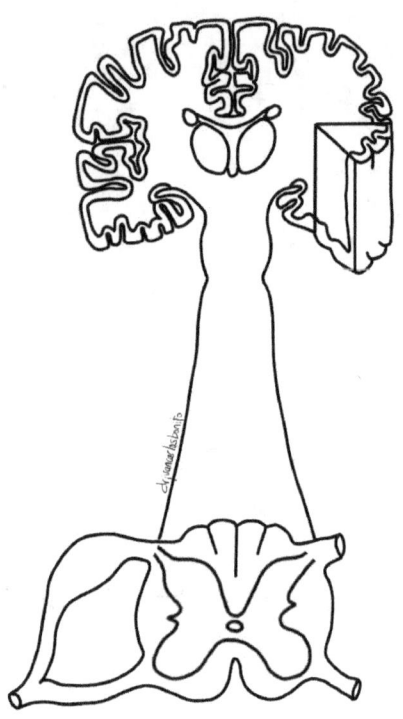

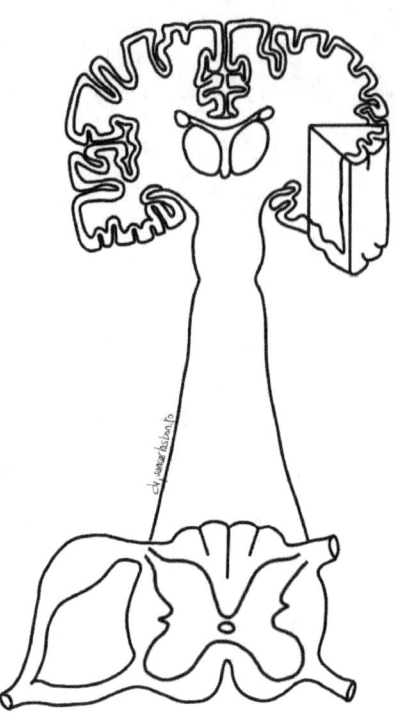

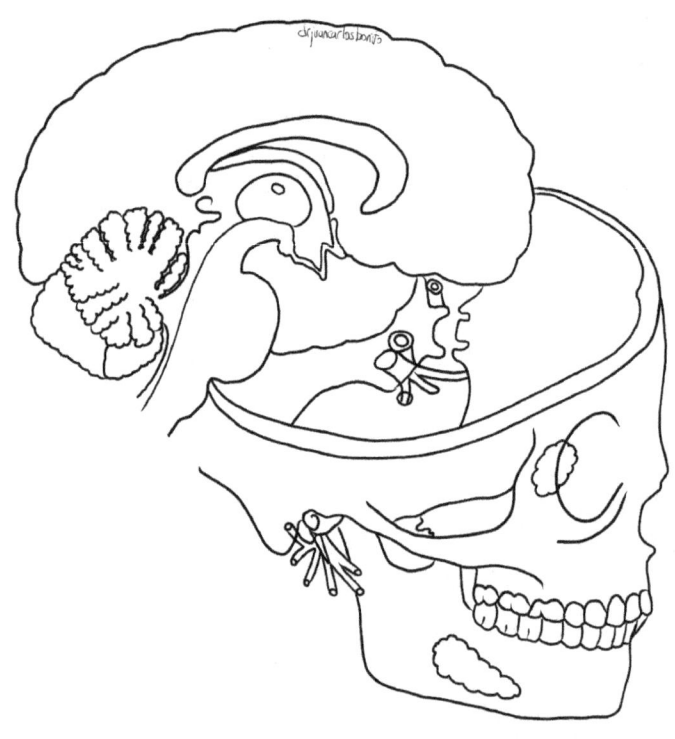

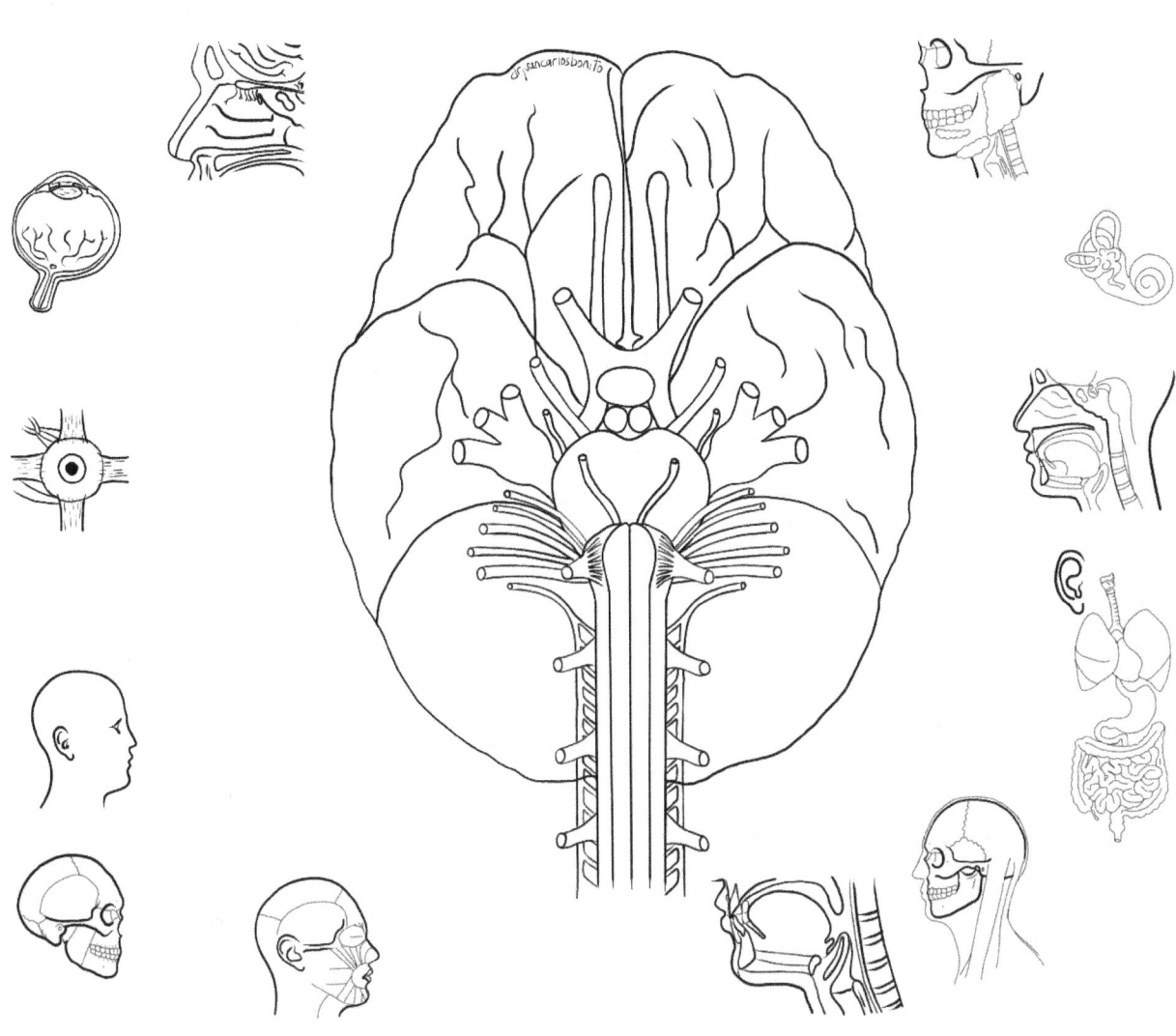

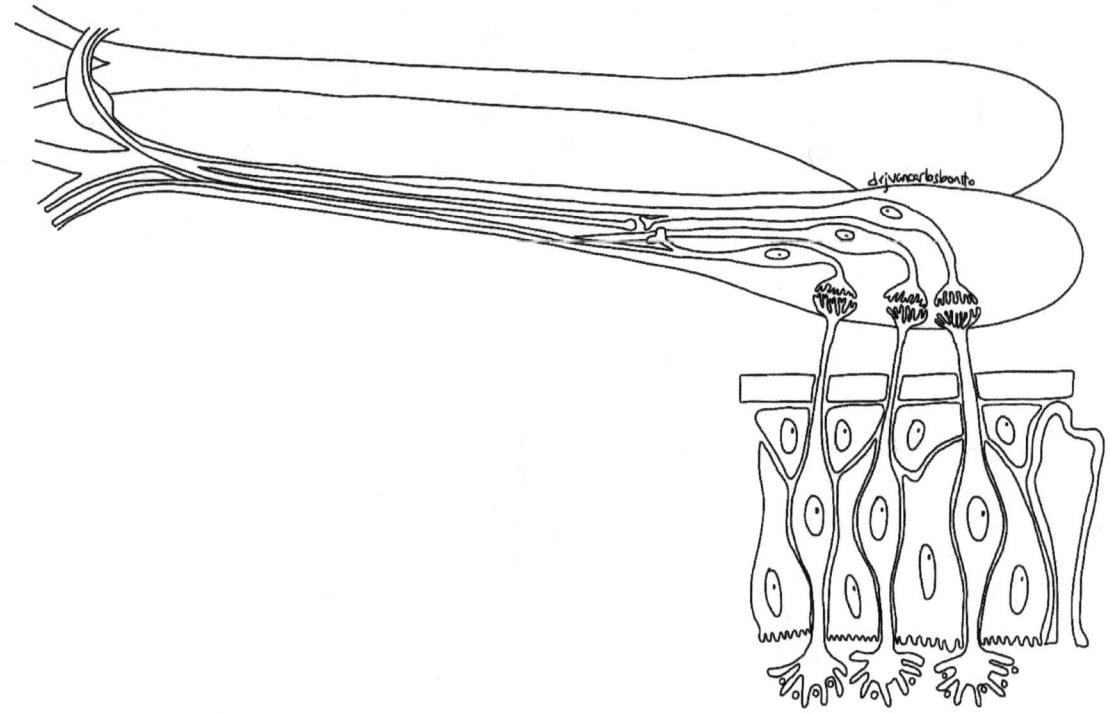

N. I S

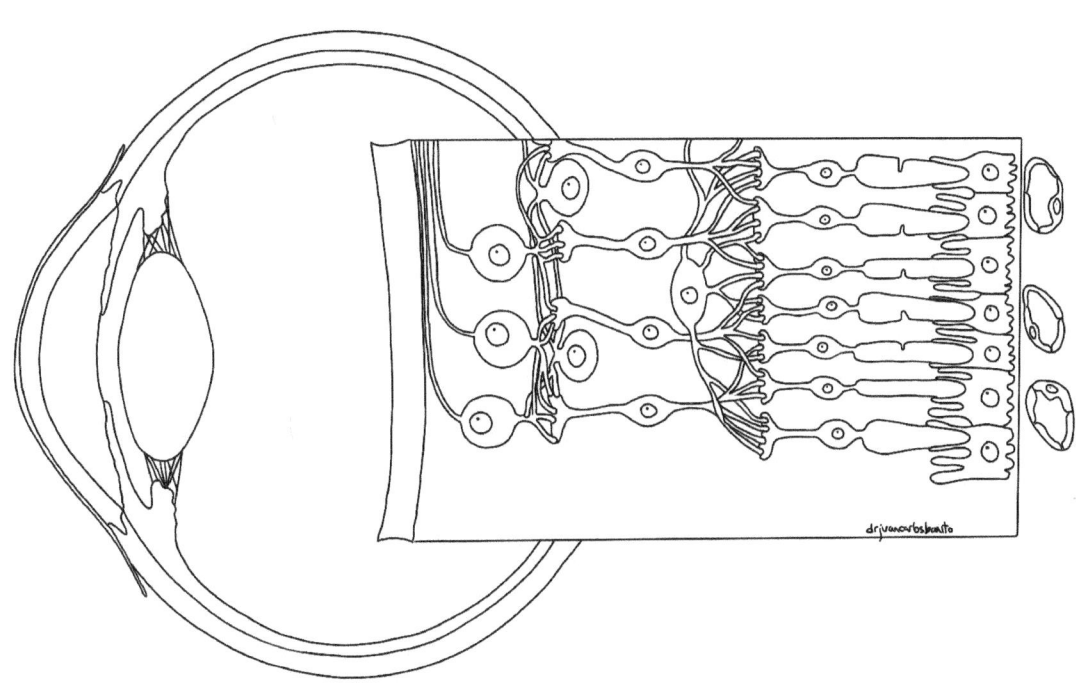

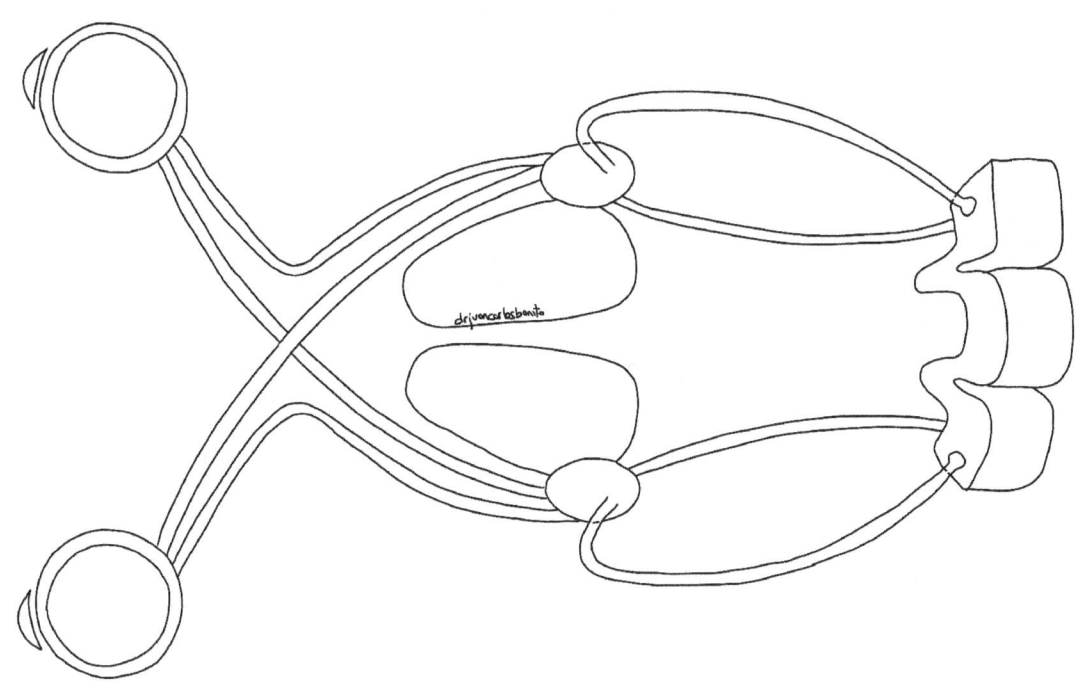

N.II S

SENO CAVERNOSO

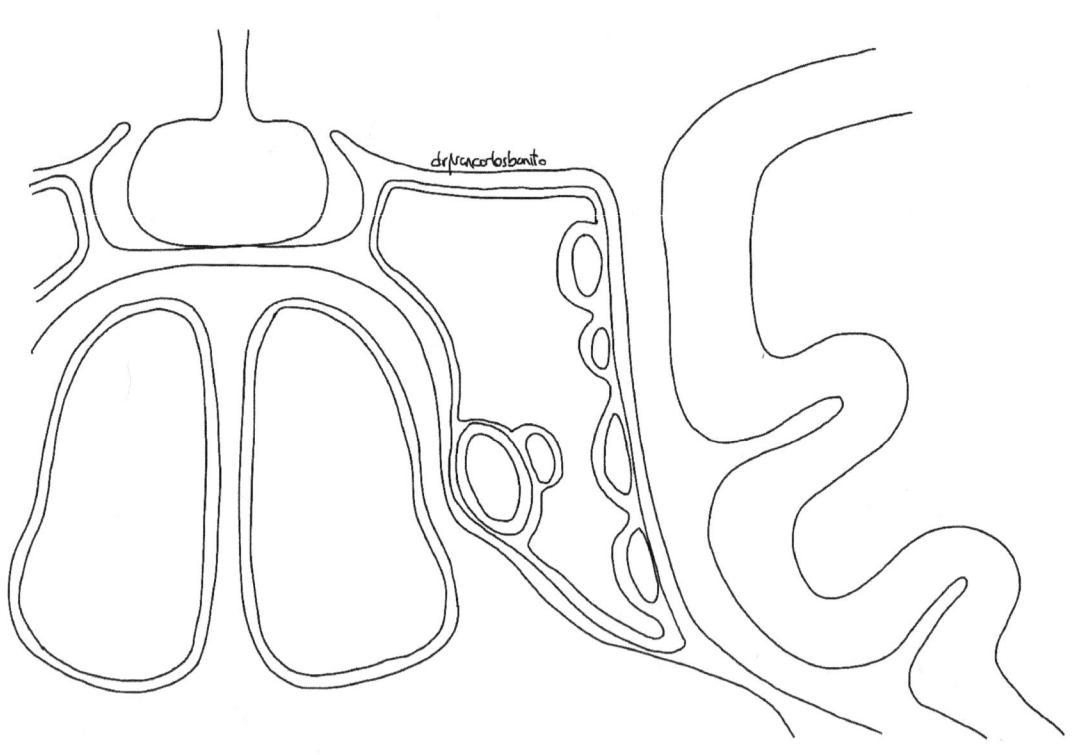

dr/uancarlosbonito

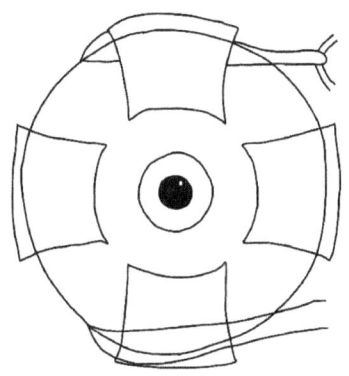
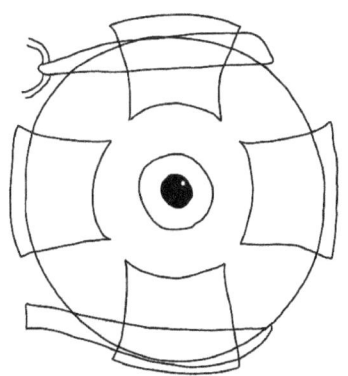

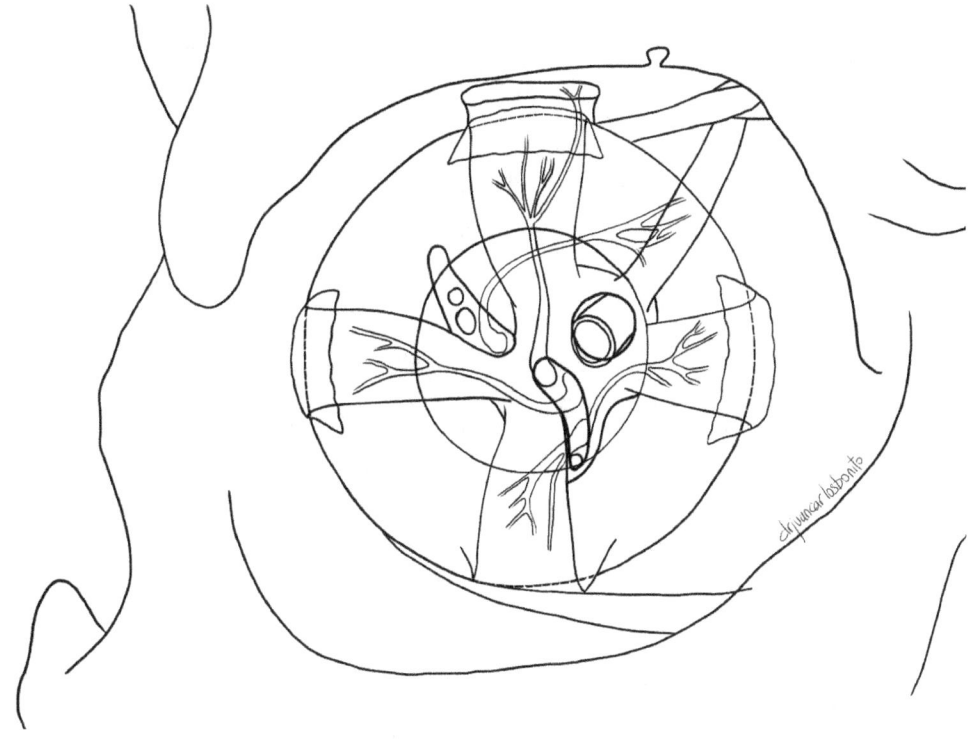

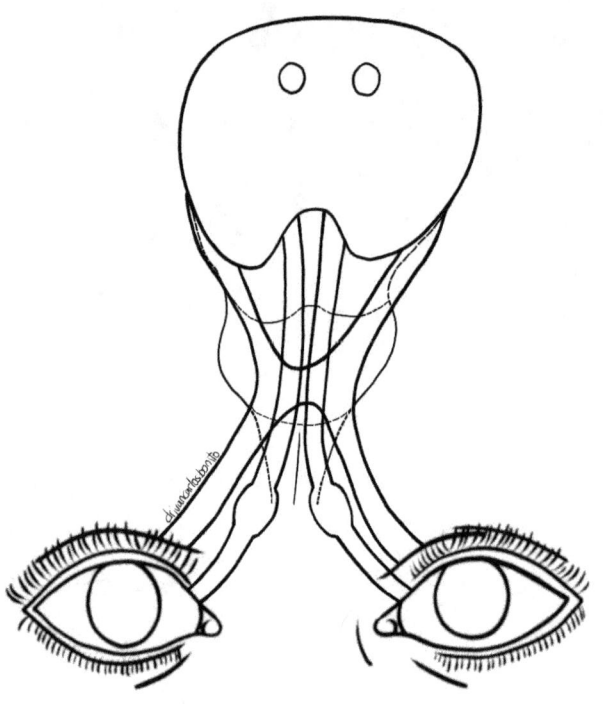

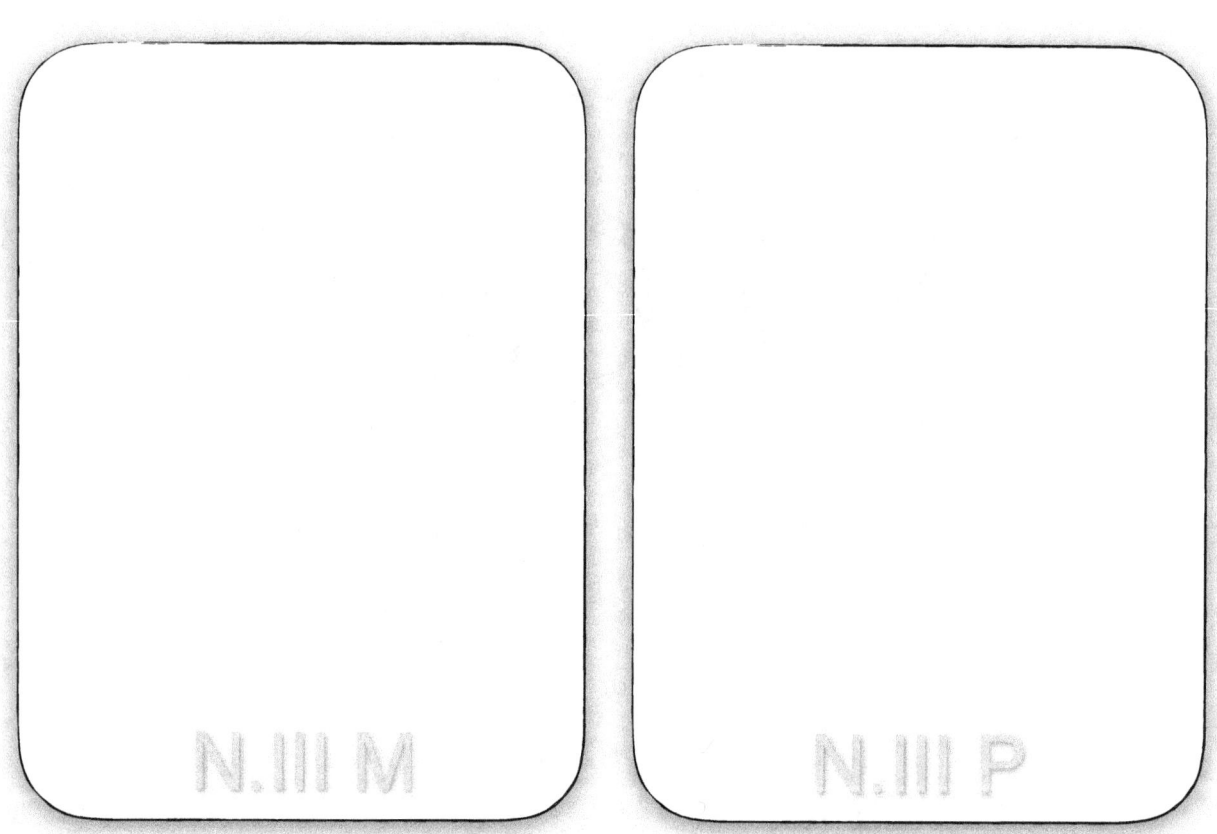

N.III M

N.III P

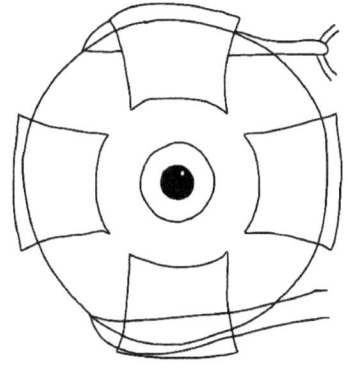

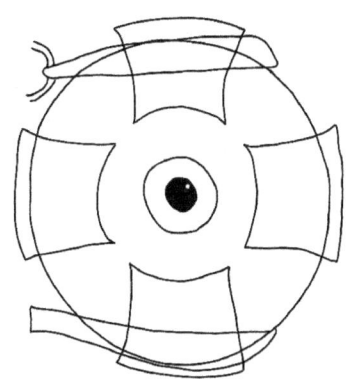

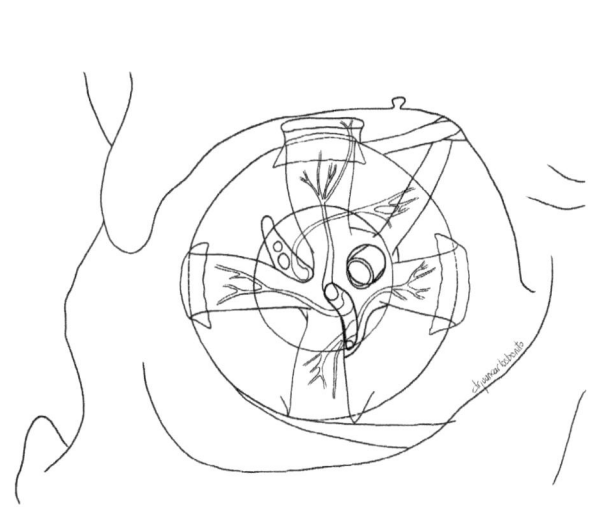

N.IV M

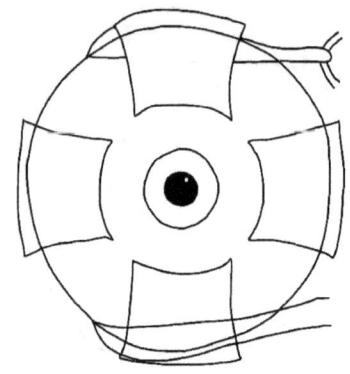

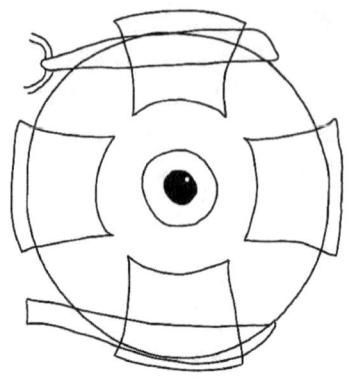

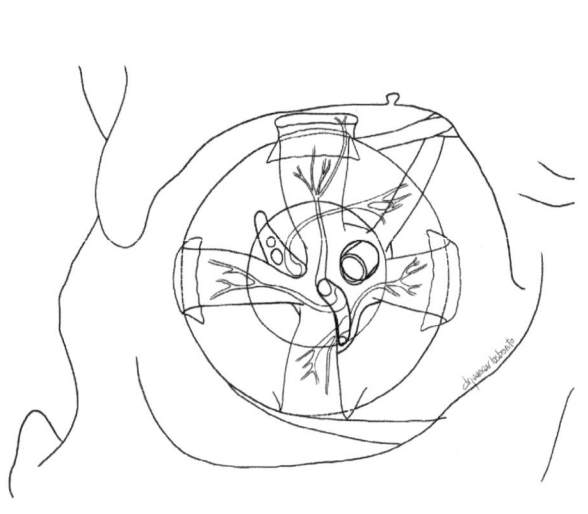

N.VI M

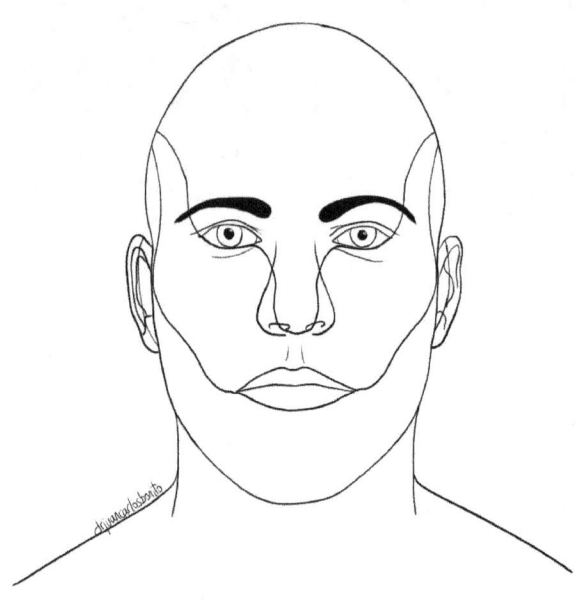

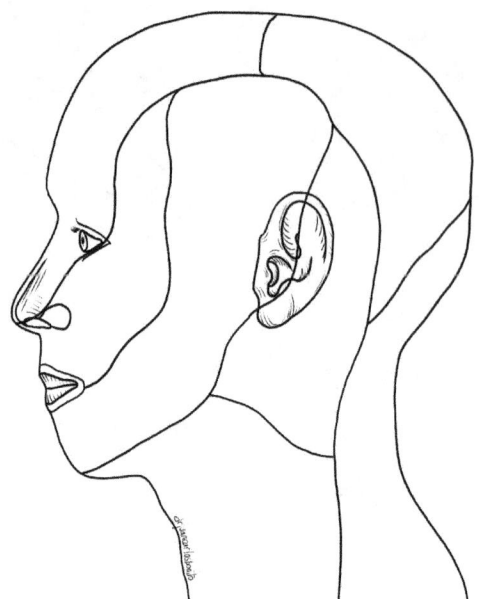

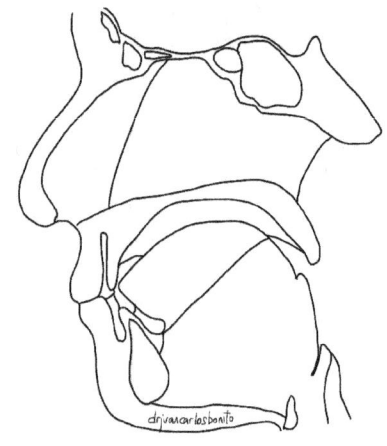

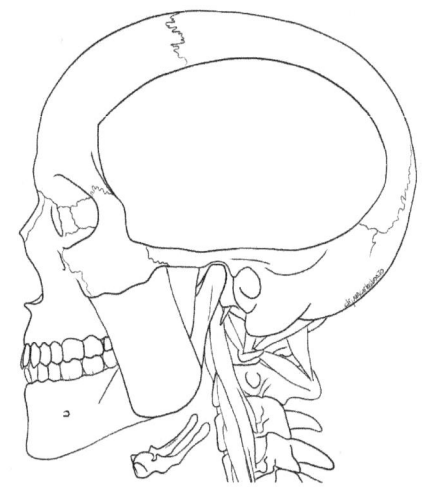

N.V S   N.V M

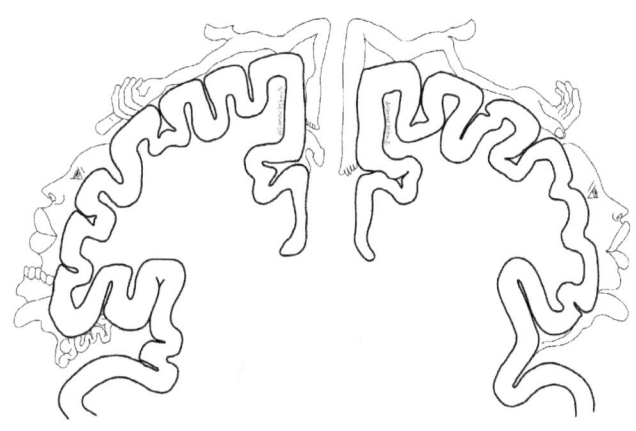

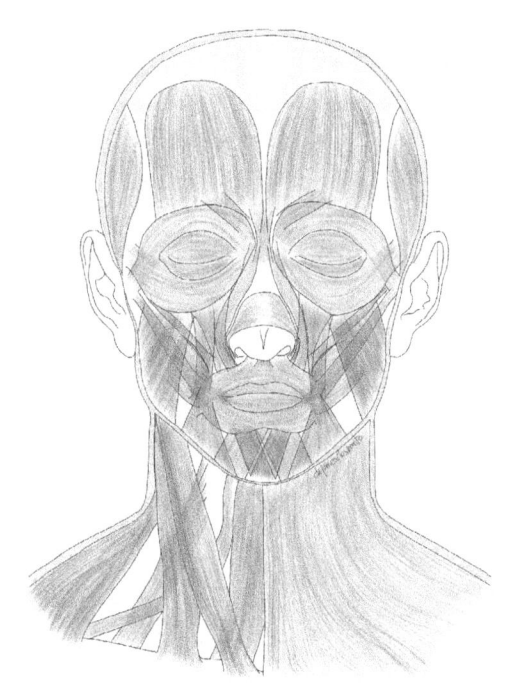

N.VII M

N.VII S

N.VII P

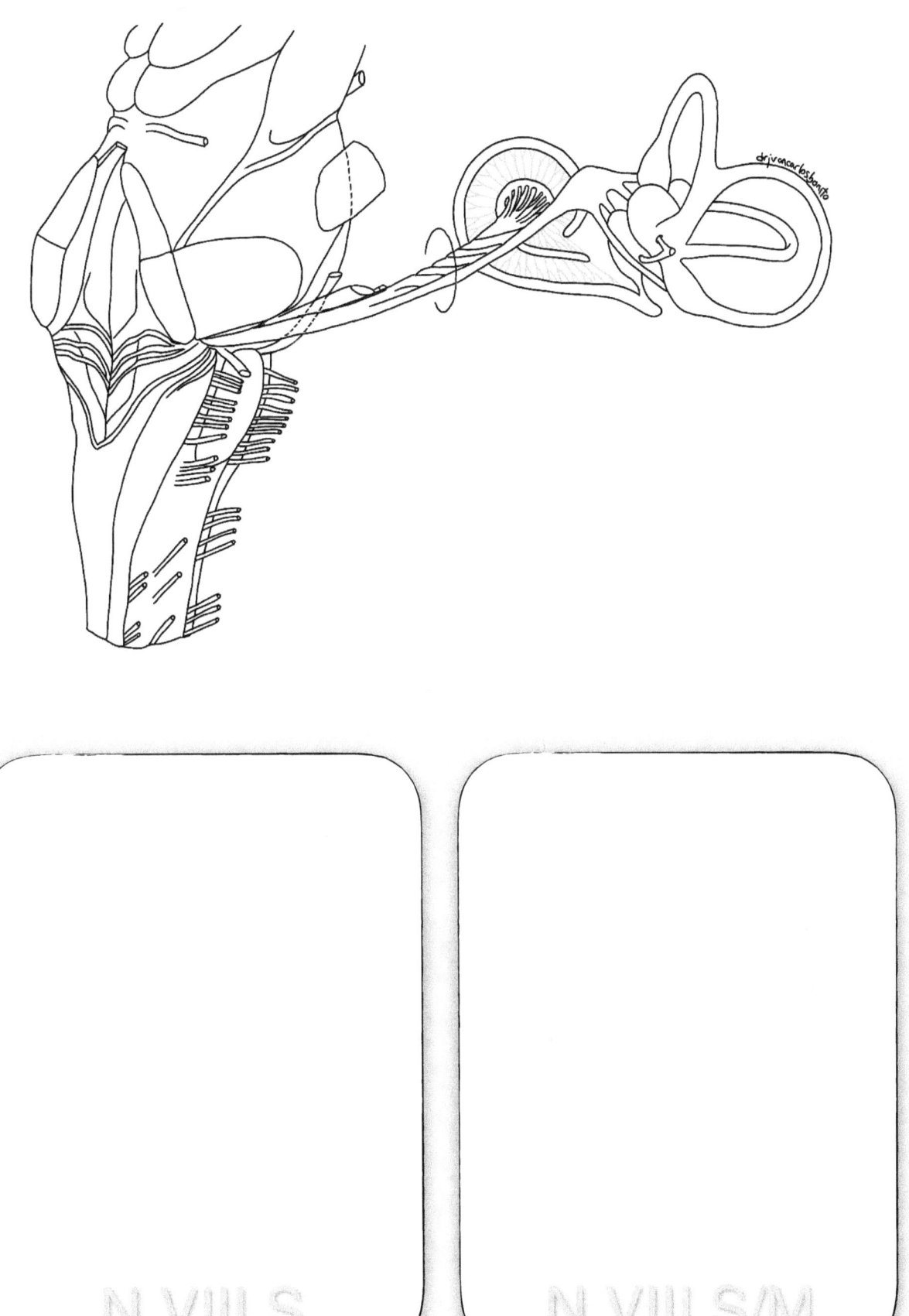

N.VIII S

N.VIII S/M

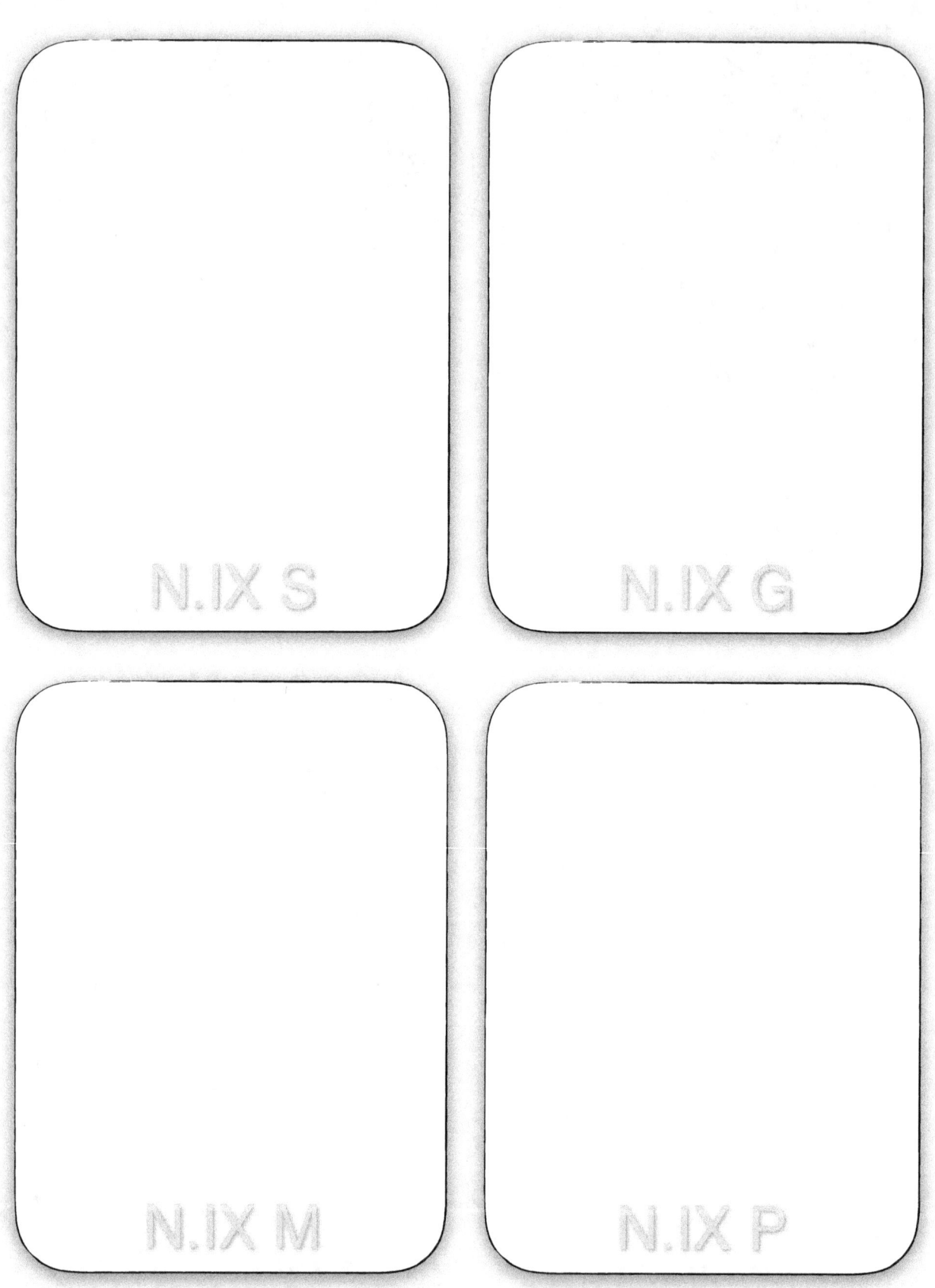

N.IX S

N.IX G

N.IX M

N.IX P

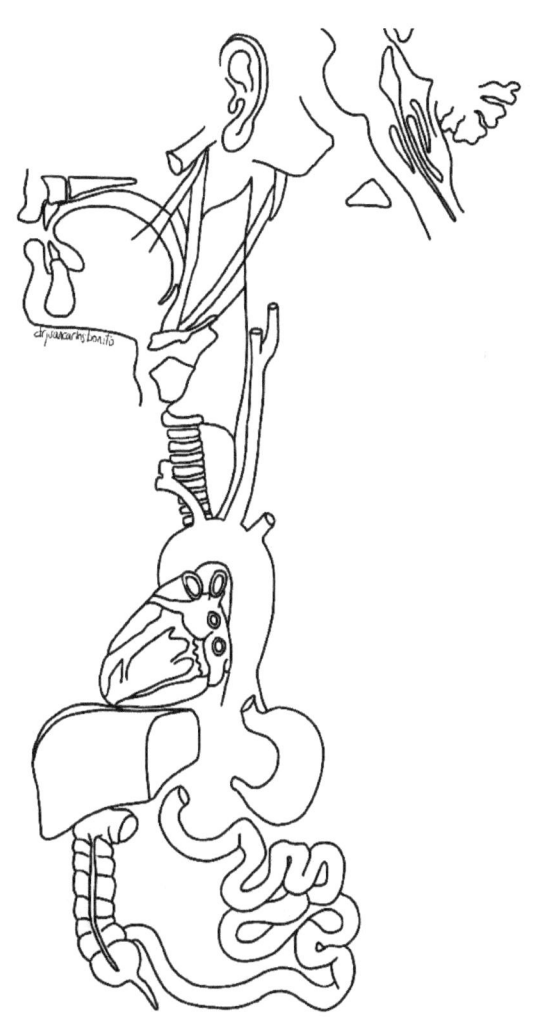

N. X V

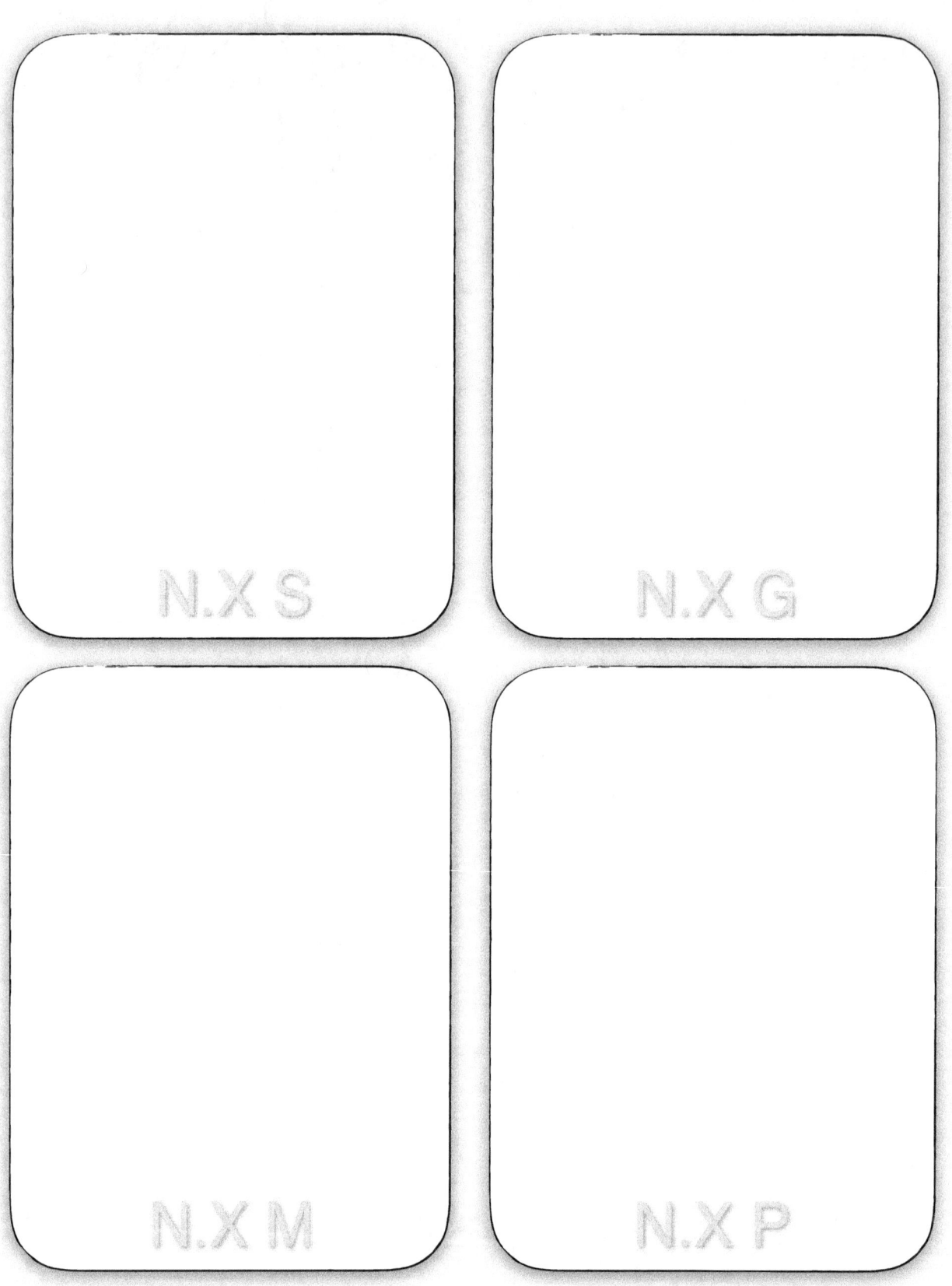

N.X S

N.X G

N.X M

N.X P

XII NERVIO ENCEFÁLICO: HIPOGLOSO

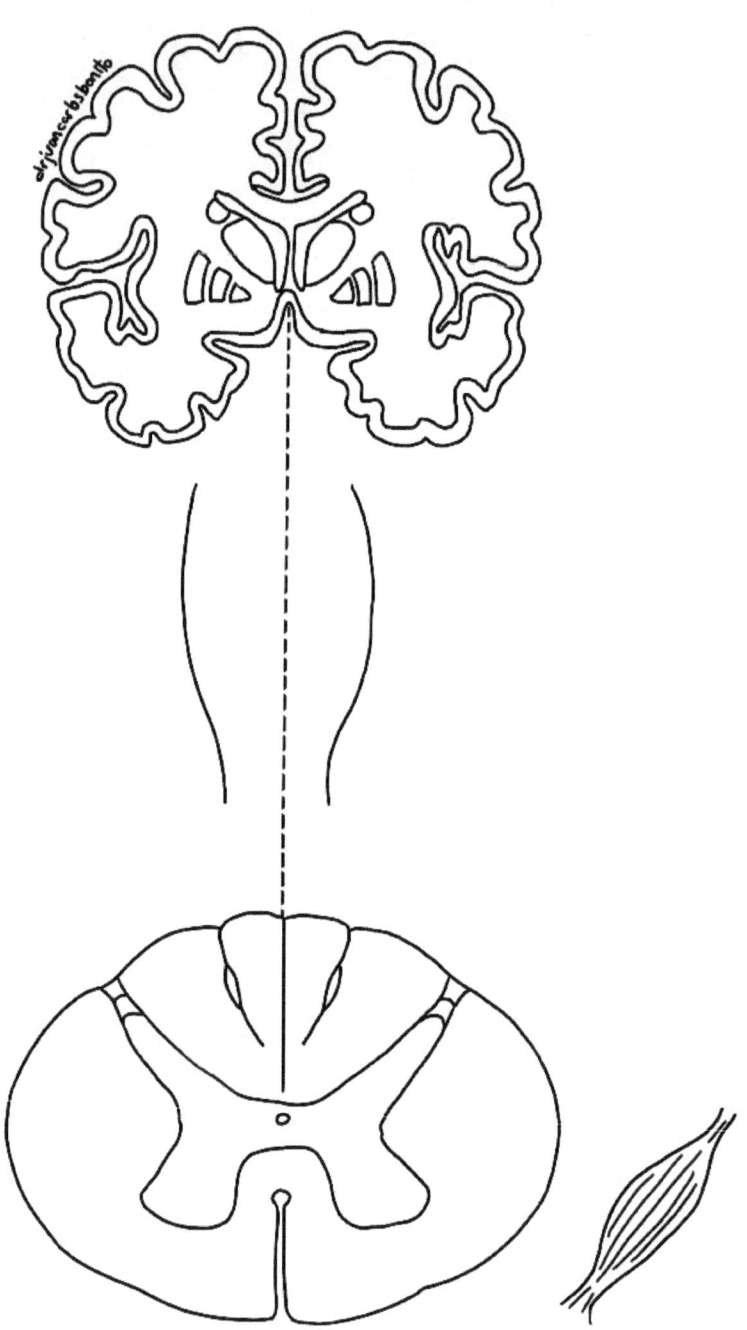

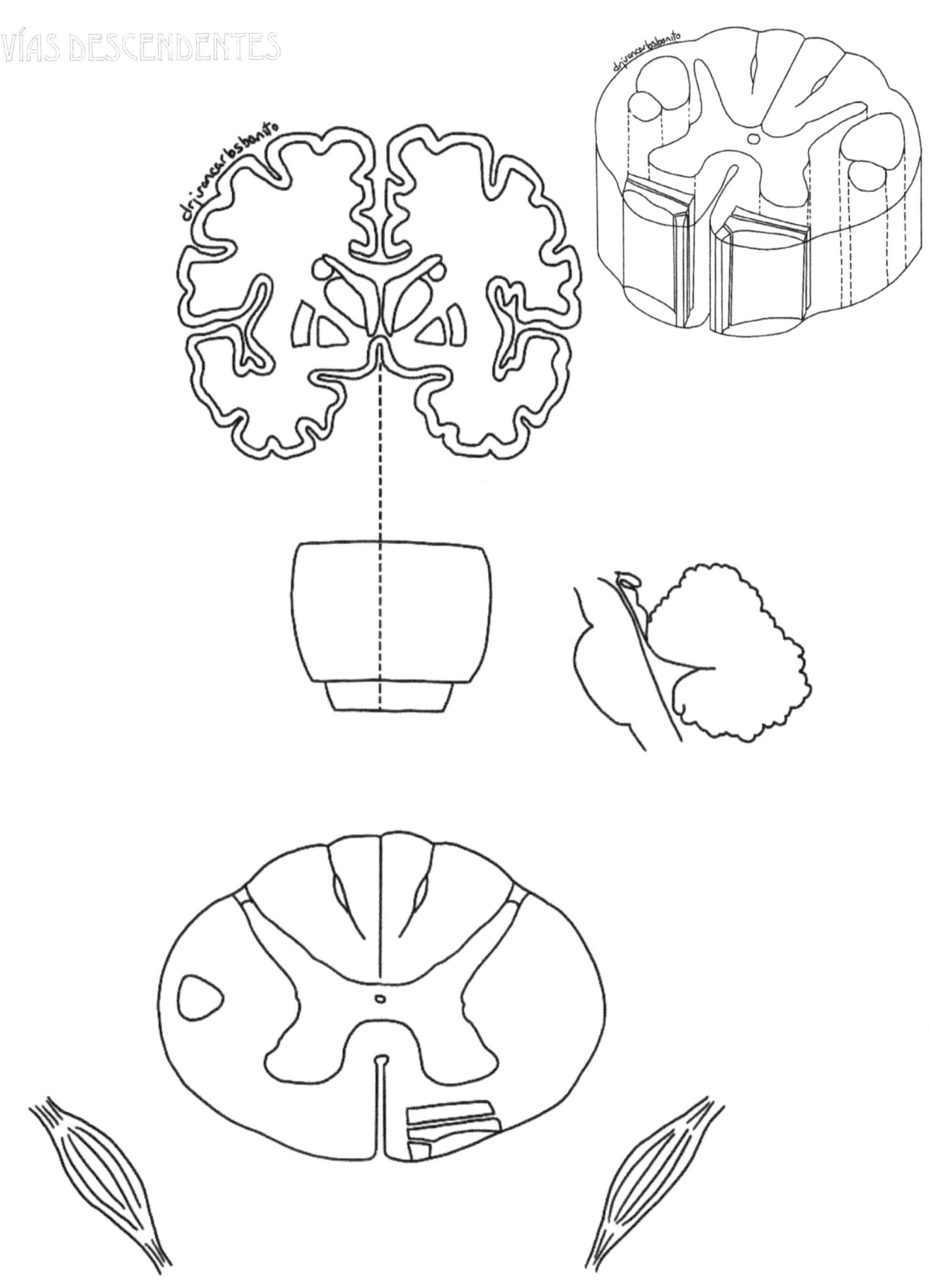

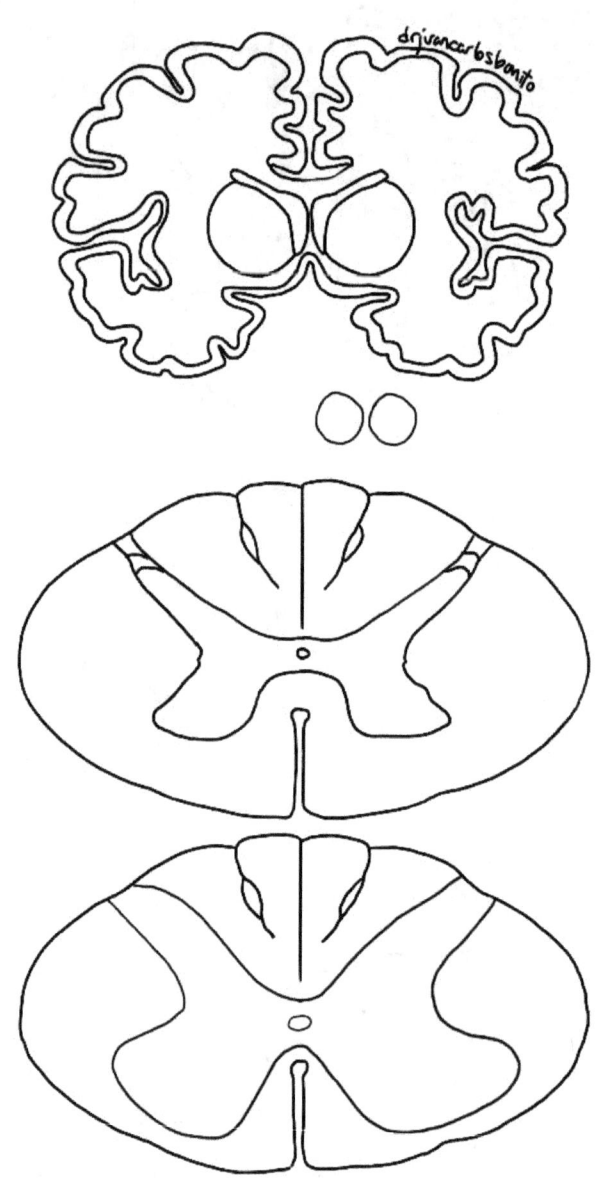

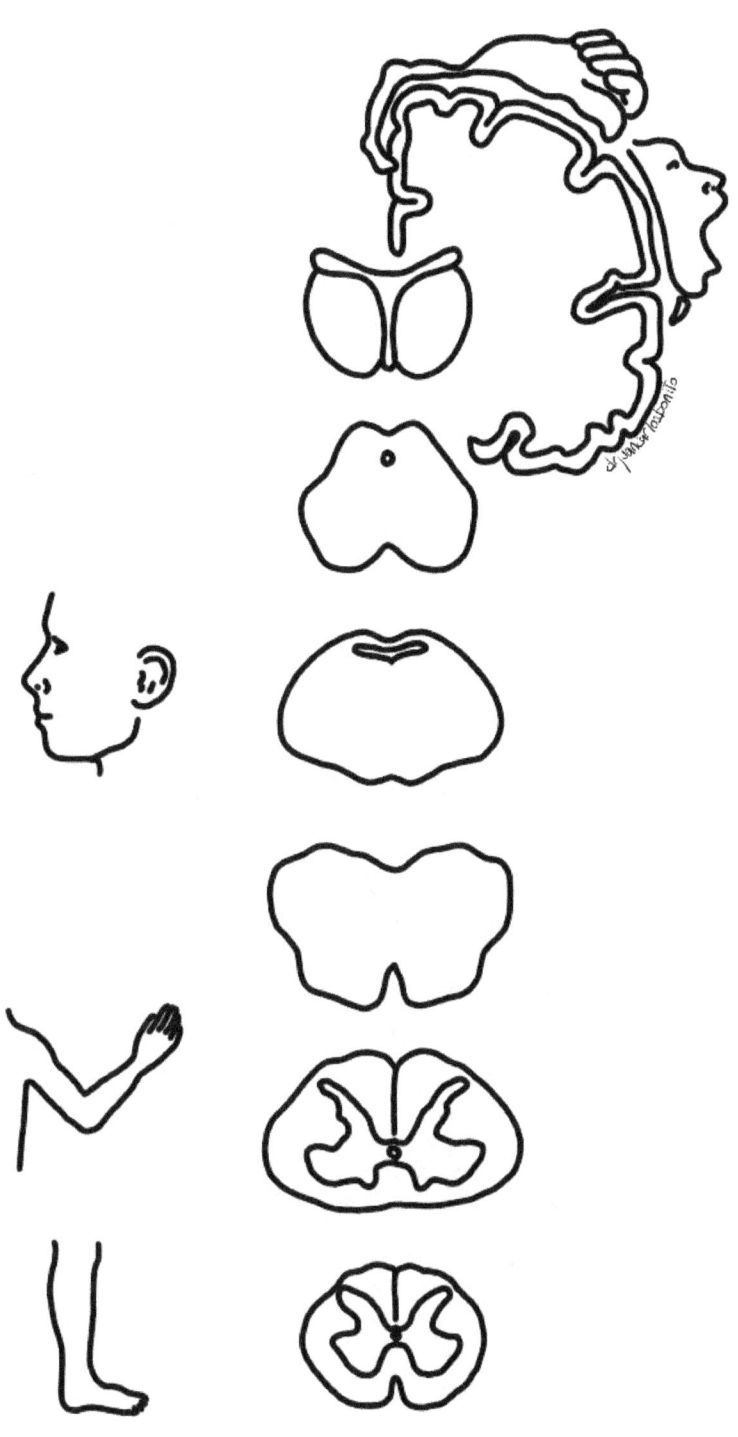

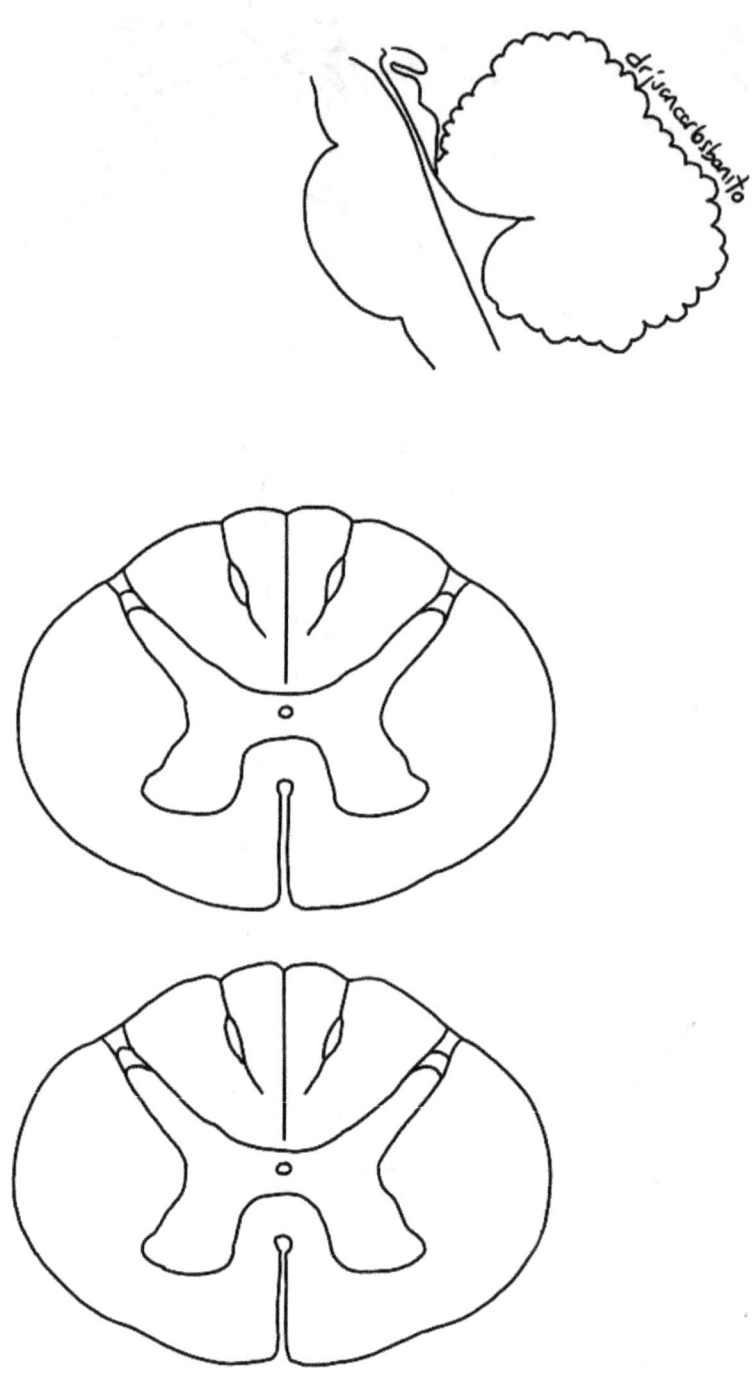

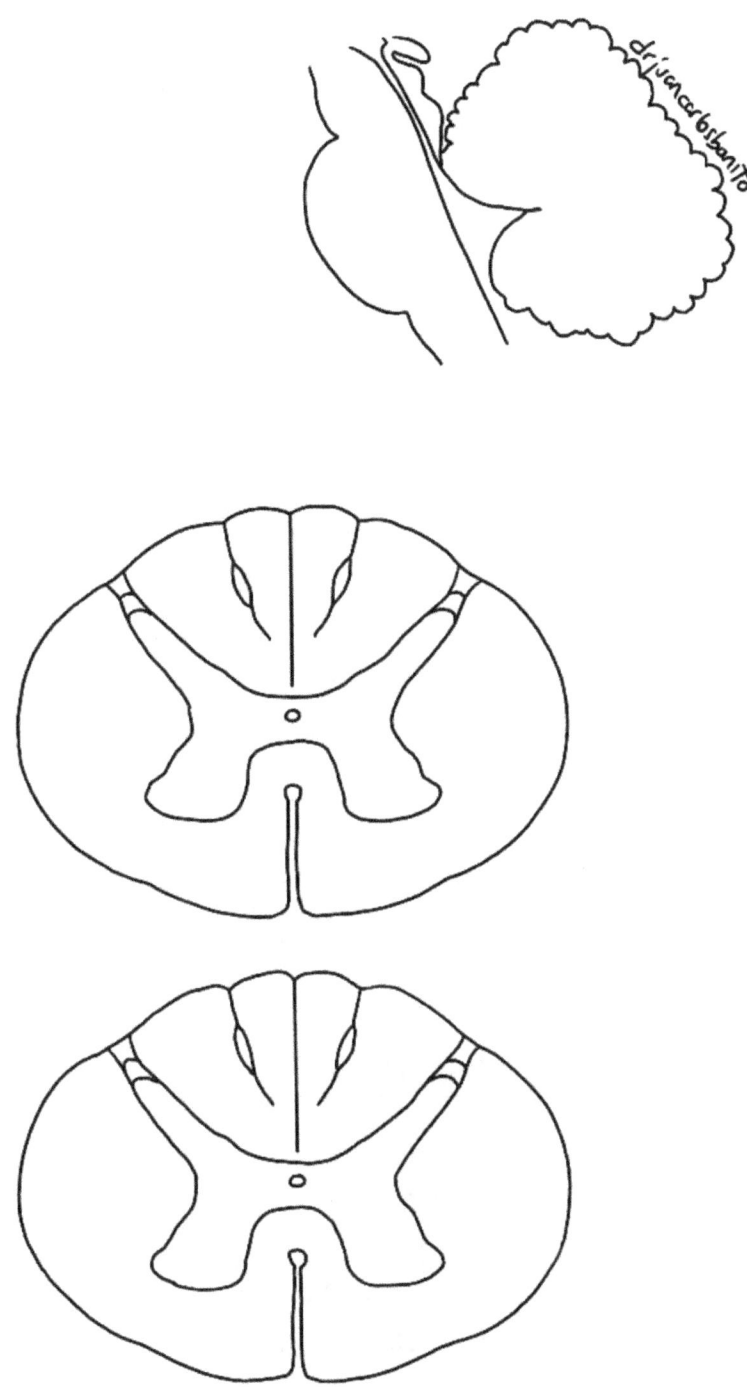

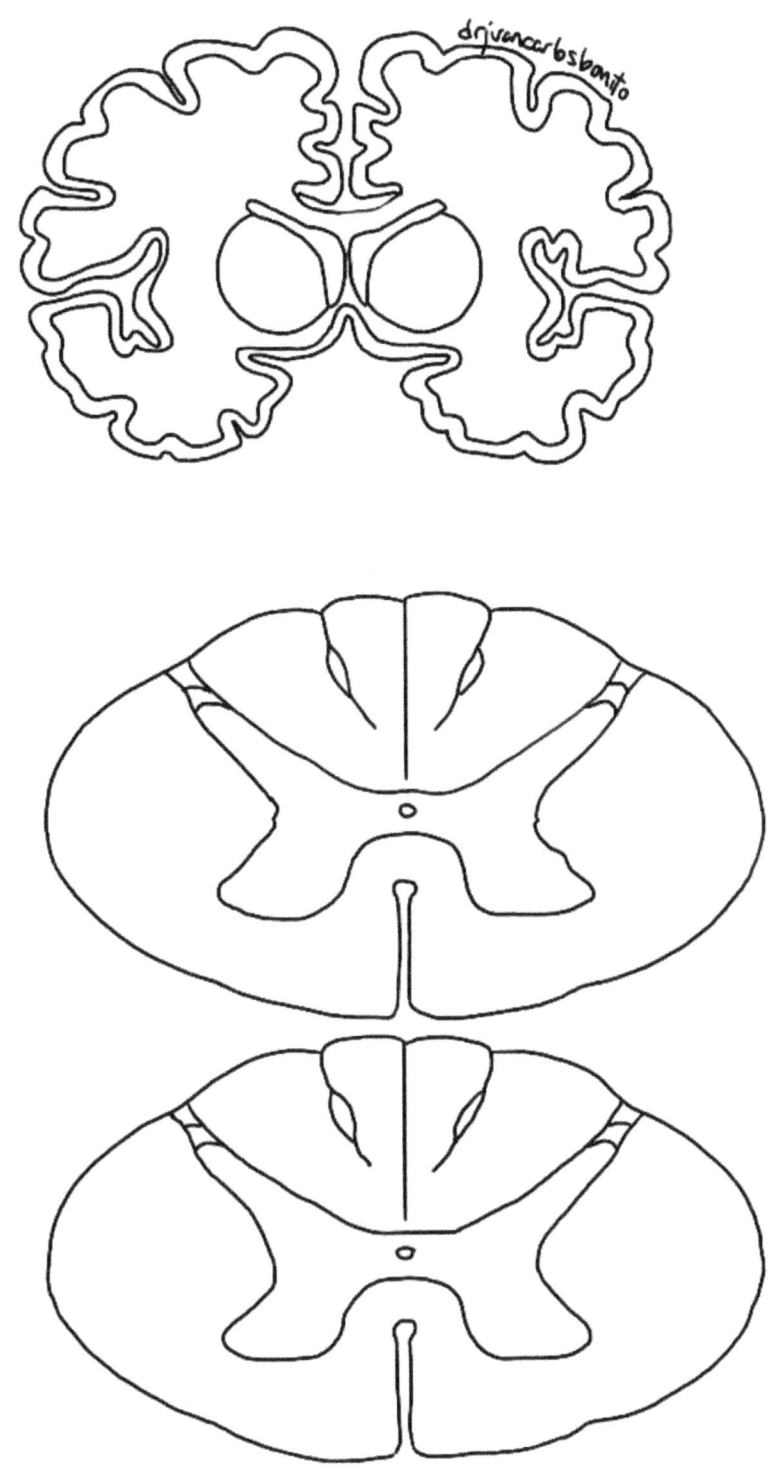

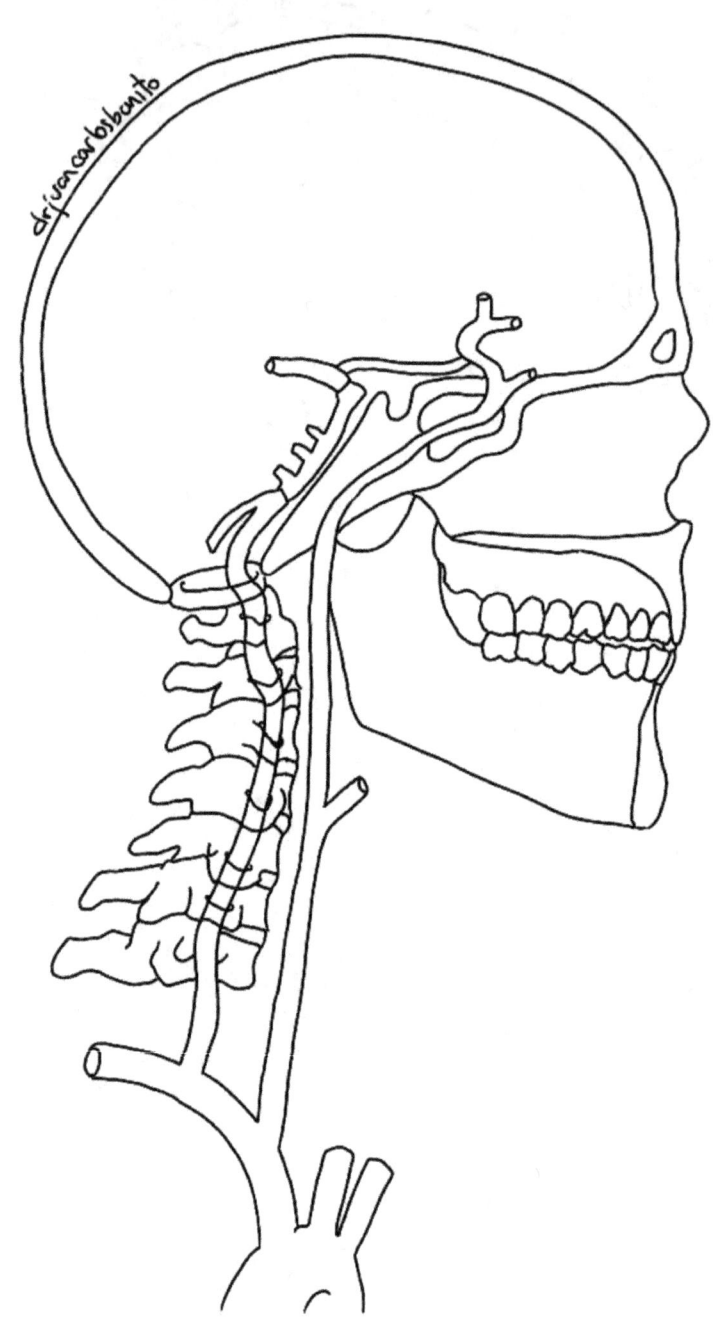

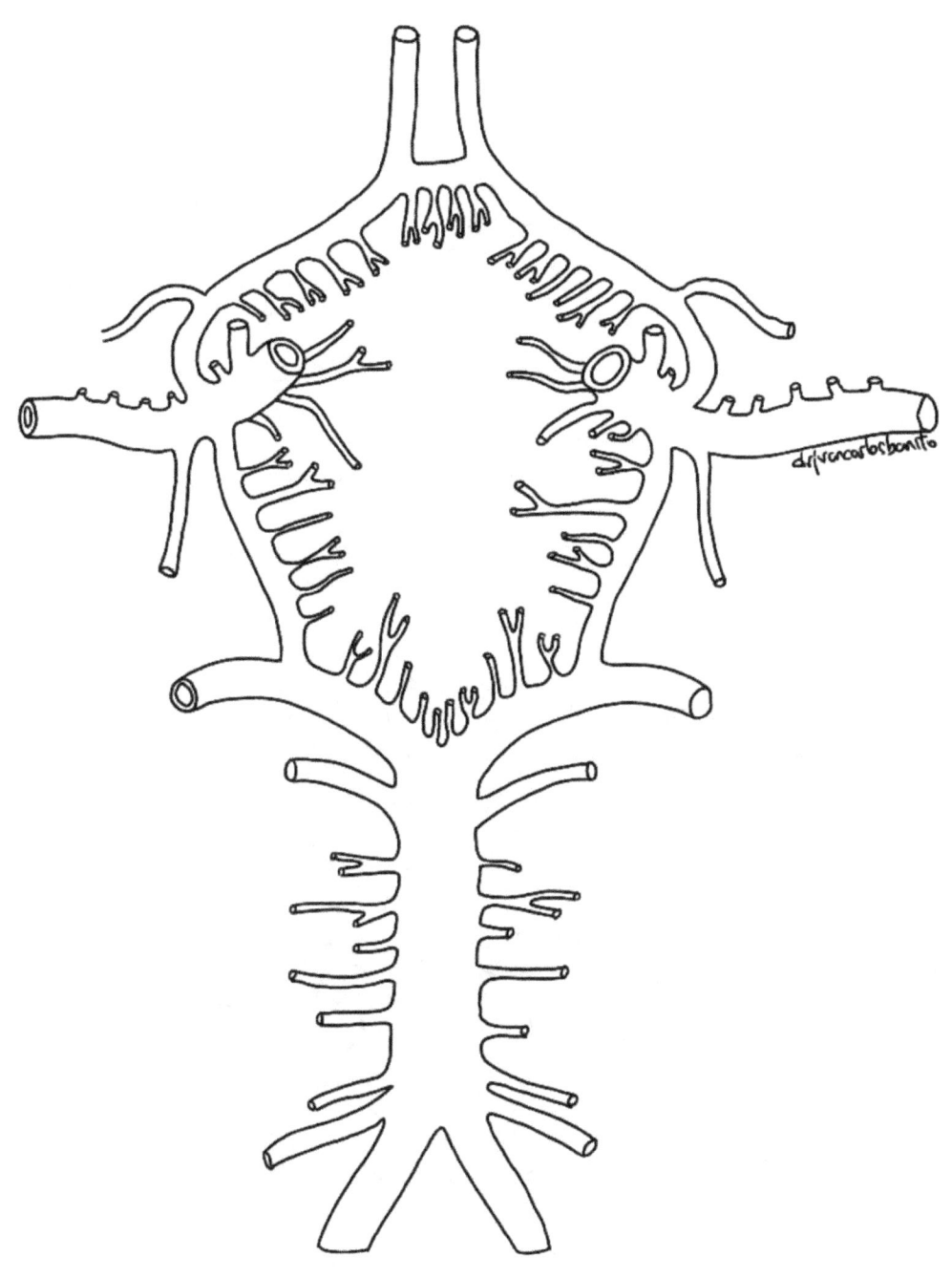

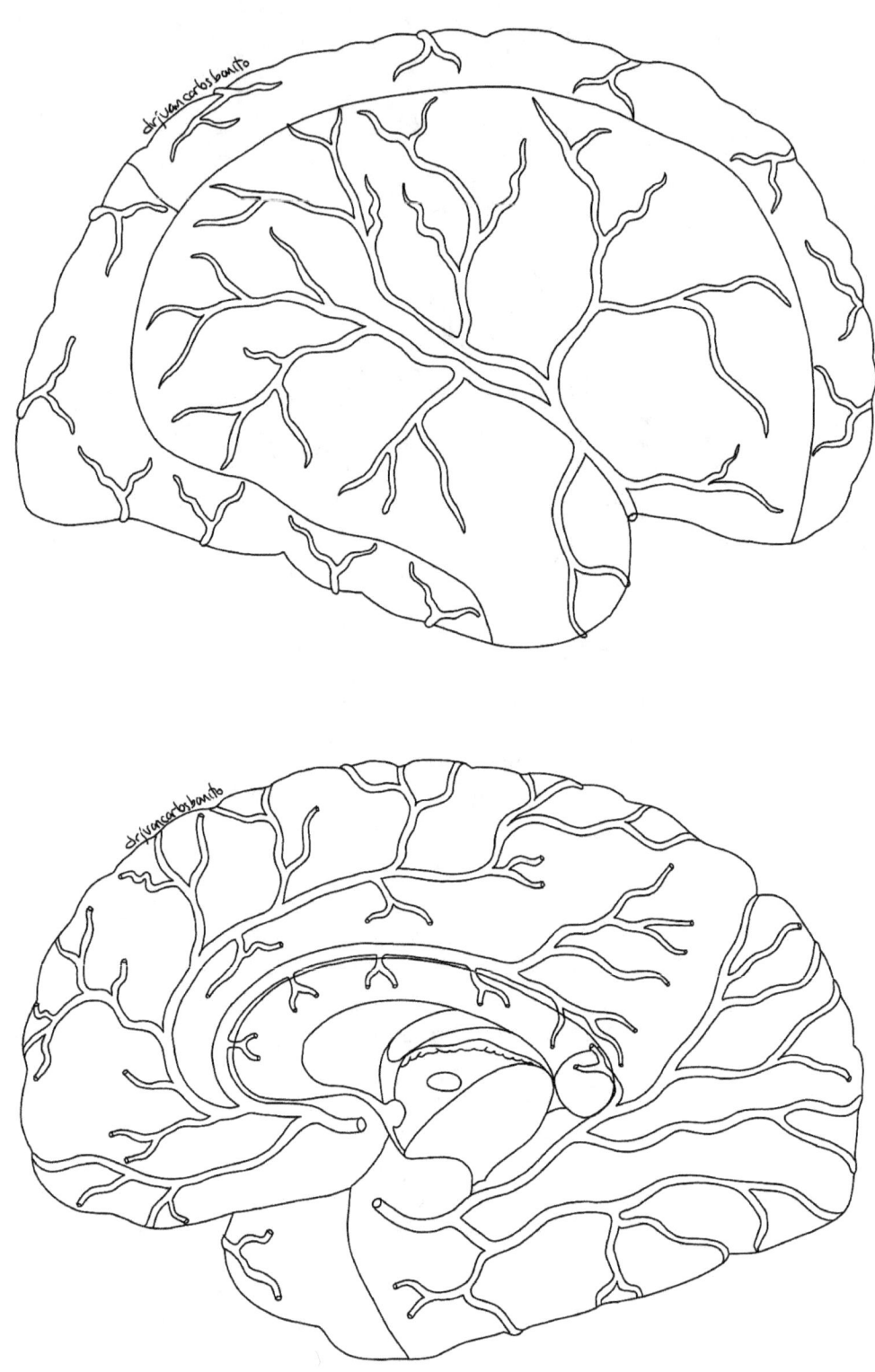

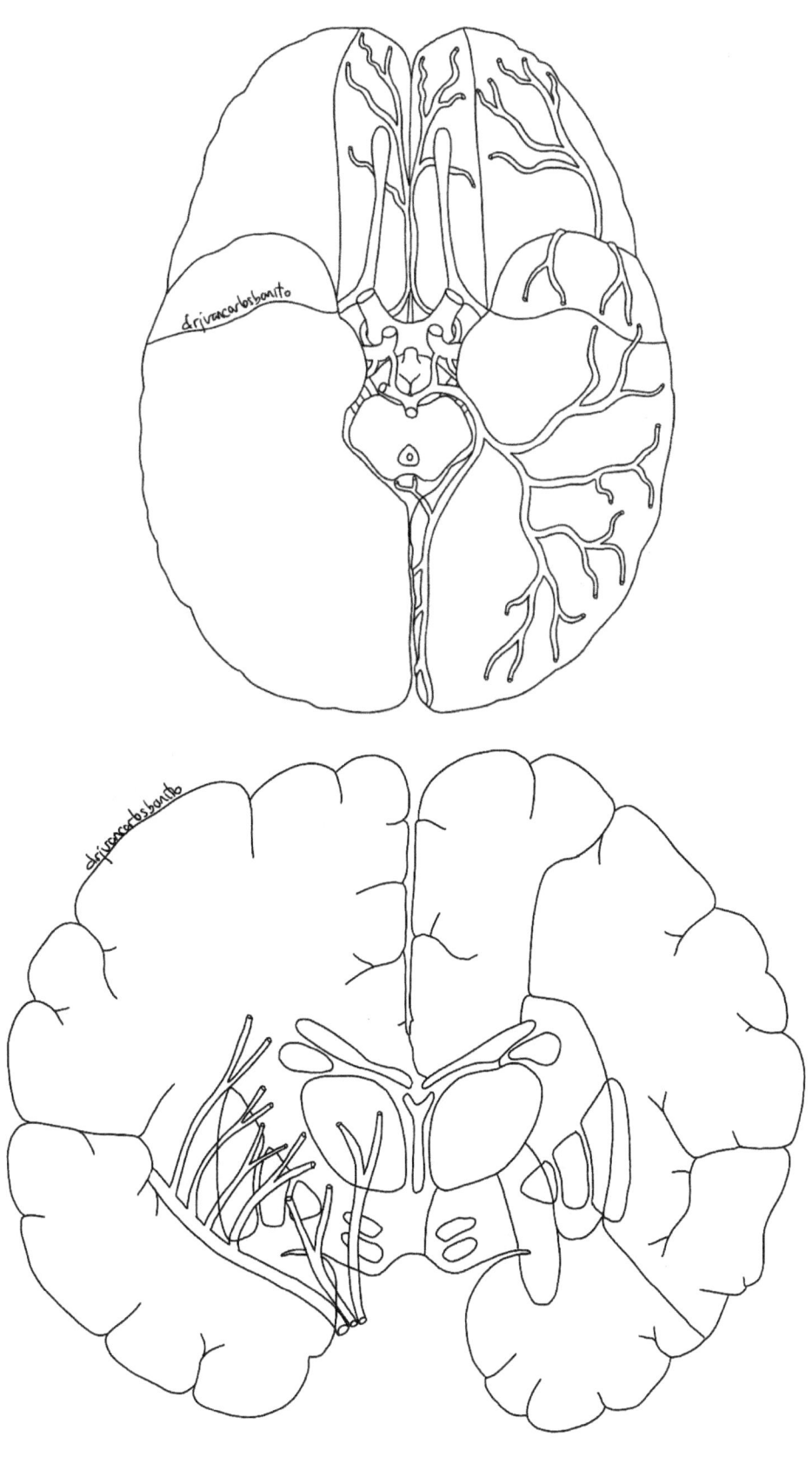

NOTAS

NOTAS

NOTAS

NOTAS

www.ingramcontent.com/pod-product-compliance
Lightning Source LLC
Chambersburg PA
CBHW060001230526

45472CB00008B/1901